长不大的成年人

「大人になりきれない人」の心理

［日］加藤谛三 —— 著

朱悦玮 —— 译

北京时代华文书局

图书在版编目（CIP）数据

长不大的成年人 /（日）加藤谛三著；朱悦玮译 . — 北京：北京时代华文书局，2022.3
ISBN 978-7-5699-4534-8

Ⅰ.①长… Ⅱ.①加…②朱… Ⅲ.①心理学－通俗读物 Ⅳ.① B84-49

中国版本图书馆 CIP 数据核字 (2022) 第 021617 号

北京市版权局著作权合同登记号　图字：01-2021-5512

"OTONA NI NARIKIRENAI HITO" NO SHINRI
Copyright © 2008 by Taizo KATO
All rights reserved.
First original Japanese edition published by PHP Institute, Inc., Japan.
Simplified Chinese translation rights arranged with PHP Institute, Inc.
through Bardon Chinese Creative Agency Limited

拼音书名 | ZHANGBUDA DE CHENGNIANREN

出 版 人 | 陈　涛
选题策划 | 樊艳清
责任编辑 | 樊艳清
执行编辑 | 王凤屏
责任校对 | 初海龙
装帧设计 | 程　慧　段文辉
责任印制 | 訾　敬

出版发行 | 北京时代华文书局 http://www.bjsdsj.com.cn
　　　　　北京市东城区安定门外大街 138 号皇城国际大厦 A 座 8 层
　　　　　邮编：100011　电话：010-64263661　64261528

印　　刷 | 北京毅峰迅捷印刷有限公司　0316-3136836
　　　　　（如发现印装质量问题，请与印刷厂联系调换）

开　　本 | 880 mm×1230 mm　1/32　　印 张 | 6.5　字 数 | 143 千字
版　　次 | 2023 年 4 月第 1 版　　　　 印 次 | 2023 年 4 月第 1 次印刷
成品尺寸 | 145 mm×210 mm
定　　价 | 49.80 元

版权所有，侵权必究

前言
心理还是孩子、身体却长大了的人

活得辛苦并不是你的错

长不大的人究竟是怎样的人？用一句话来概括，就是维持自己的生活就已经竭尽全力，还要承担社会的责任，并因此而感到痛苦不堪、不知所措的人。这就是"5岁成年人"。

有活得很辛苦的5岁部长[1]，也有5岁母亲，当然也有5岁父亲，还有5岁老师和5岁新闻记者。在日本到处都能见到活得很辛苦的5岁成年人。

被过度焦虑的双亲养育长大的孩子，大多会失去心理成长的

---

[1] 这里的"5岁部长"及后文的"5岁母亲""5岁父亲"等都指的是生理年龄已是成人，而心理年龄仍旧留在5岁的"5岁成年人"。——编者注。

机会。但随着时间的流逝，他们的身体却会不断地成长，最终成为社会意义上的成年人。

即便心理只有5岁，身体却是30岁。心理5岁、身体30岁的成年人需要在社会上承担相应的责任和义务。这究竟有多辛苦，没有亲身经历过的人是绝对想象不到的。

简单来说，这就像是让一个5岁的小孩拿30岁的成年人才能拿得动的东西，周围的人却认为这是理所当然的事，他们要求这个5岁的小孩必须将东西拿起来。如果5岁成年人表示东西太重拿不动，一定会遭到周围人的批判吧。

心理的成长停留在某一个阶段，却要被迫适应社会，这就是5岁成年人面对的困境。5岁成年人虽然有时候表现得和普通人无异，心里却十分疲惫。

人只有在心里得到满足时才会感觉到轻松，5岁成年人却在内心得不到满足的状态下被迫适应社会，虽然他们看起来已经长大成人，但这只是一种虚假的表象。

心理成长之后自然而然地适应社会的人，与心理没有成长却被迫适应社会的人，两者之间存在着巨大的差异。前者在采取适应社会的行动的同时，内心也能获得满足，而后者在被迫采取适应社会的行动时，内心会感觉十分痛苦。所以，这样的人每天都活得非常辛苦。

5岁成年人就是在被迫适应社会，内心每天都无法得到满足。他们不开心、不快乐，在这种自顾不暇的状态下，又怎么可

前言　心理还是孩子、身体却长大了的人

能做到体谅他人呢。

有些5岁成年人可能拥有较高的社会地位，他们外表看起来光鲜亮丽，但内心十分贫瘠，他们的心中感觉不到丝毫的满足。与心理健康的人在一起相处，会使人感到心情愉悦，而与5岁成年人在一起相处，只会使人感到紧张。

你在做自己真正想做的事吗？

5岁成年人心中的焦躁，就和一点儿也不想擦桌子却被大人强迫去擦桌子的小孩的心中的焦躁一样。虽然桌子确实应该擦干净，但当你不情愿地去完成这种社会性的需求时，内心就会感到焦躁不安。

被迫自己削铅笔的孩子，不愿意将削好的铅笔借给没削铅笔的同学。为什么自己就要被迫去削铅笔，而别人却可以不削铅笔呢？不想遵守礼节却被迫遵守礼节的人，也会强迫别人遵守礼节。

小时候明明不想帮忙做家务，却在父母的压力下被迫做家务的孩子，当他们成为家长之后也会强迫自己的孩子帮忙做家务。比如"如果你不做家务我们就不要你了"之类的话，就是"来自父母的压力"。

如果小时候想要玩泥巴并且真的玩了，孩子的心里就会对玩

泥巴这件事感到满足。少年时期如果想穿奇装异服并且真的穿了，少年的心里就会对穿奇装异服这件事感到满足。女孩子想梳奇怪的发型并且真的梳了，她的心里就会对梳奇怪的发型感到满足。一个心理健康的成年人，肯定是尝试过很多想做的事情并且从中获得了满足的人。但5岁成年人很少甚至从没有获得过这样的满足。

因此，5岁成年人最大的特点，就是在"自己活得很辛苦"的同时，也会对他人要求非常严格。人只有在可以随心所欲地做自己想做的事情时，才能允许他人也随心所欲。而一直无法随心所欲的人，当然也不能容忍他人随心所欲。

心理健康的成年人，不但自己活的非常轻松，对他人也非常宽容。5岁成年人则刚好相反。

我曾经也是5岁成年人

完全没有做好长大成人的准备，只有身体长大了的人，就是5岁成年人。现在日本到处是这样的人。这些人因为自己并没有做好长大成人的准备，所以他们以为别人也没有做好准备。而且他们在心理还是孩子的情况下背负起社会的责任，生活得非常辛苦。

这就像是一个人在毫无准备的情况下被迫攀登珠穆朗玛峰一

前言　心理还是孩子、身体却长大了的人

样，而且这个人还不知道自己为什么要攀登珠穆朗玛峰，因此他感到更加痛苦。

明明只有5岁小孩的能力，却要被迫承担社会的责任。明明心理只有5岁，却要表现得像个成年人一样。在这种状态下生活怎么能不感到痛苦呢？"活得很辛苦"，这就是所有5岁成年人共同的特点。

大家可以想象一下身上穿着流行时装，手里拎着名牌包，但是穿着纸尿裤的大人。5岁成年人就是这样奇妙的人。即便身体已经长大成人，但从心理的角度上来说，他们还离不开纸尿裤。

本书将从心理学的角度对形成5岁成年人的原因进行分析。相信有一部分人，在读完本书之后就会找到自己活得如此辛苦的原因。

我曾经也是个5岁成年人，活得非常辛苦。因此，和我一样的人读完本书之后，应该就能够理解为什么自己会如此焦躁不安、痛苦不堪。只有找到导致自己痛苦的原因之后，才能采取相应的对策。然后5岁成年人就能够找到自己的人生目标，从被动的状态中解脱出来。当5岁成年人产生"我不想再这样下去"的想法之后，他们就迈出了真正长大成人的第一步。

同时，对于周围同样处于痛苦之中的5岁成年人，我如果能够理解他们"为什么陷入这样的困境"，或许我就能对他们施以援手。这就是我创作本书的动机。

目录

第一章　5岁成年人是什么样的人？

心理是5岁的小孩，身体是成年人　　002
逃避心理课题的"好孩子"　　004
只要了解自己，就能生存下去　　006
因为过于认真而令人困扰的人　　008
认真的人靠不住　　010
随心所欲地做自己想做的事情的人能够获得满足　　012
享受快乐可以使人生变得更加轻松　　014
忍耐的孩子不能容忍不忍耐的孩子　　016
战胜憎恨就能获得尊重　　020
真正伟大的人　　022

第二章　5岁成年人渴求5岁孩子需要的爱

关爱他人的能力　　026
做自己想做的事就能避免被耗竭　　028

心理健康的成年人在关键时刻更加强大　　030

年轻母亲的育儿焦虑　　032

活得很辛苦的父亲的困境　　034

5岁成年人渴求5岁孩子需要的爱　　037

5岁成年男性需要无条件包容自己的女性　　039

5岁成年人的5个特征　　041

如今日本的父母大多是5岁成年人　　043

挨饿的"好孩子"　　045

心存不满的人笑不由衷　　047

我的父亲　　049

养育孩子是幸福的事？　　051

第三章　5岁成年人自立时的痛苦

不能依赖其他人时就会很辛苦　　054

父母是孩子的神奇助手　　057

如何自由地生活　　060

依赖他人的同时又想得到他人的尊重　　062

挫折并不会降低你的价值　　064

为什么会出现"家里蹲"的现象　　066

心理截然不同的两名营业人员　　068

选择这条道路真是太好了　　　　　　　　070
不要依赖他人，自己做决定　　　　　　　073

第四章　对母亲的依赖

追求安逸是人的天性　　　　　　　　　　076
超乎常规地渴求母爱　　　　　　　　　　080
教会我们生命喜悦的母爱　　　　　　　　082
"好吃吗？""舒服吗？"　　　　　　　　085
体验过乐园的孩子是幸福的　　　　　　　088
被心理负担折磨的人　　　　　　　　　　090
目的明确的话就能承受负担　　　　　　　092
亲子职责逆转之时　　　　　　　　　　　094
育儿的责任是过于沉重的负担？　　　　　099
生理年龄相同，心理年龄却不同　　　　　102
看似幸福却感到辛苦，是因为心理没有得到满足　104
"不是我的责任"是我父亲的心里话　　　107
心理还是5岁的幼儿却成为6个孩子的父亲　110
缺乏关爱之人的悲剧　　　　　　　　　　112
美国年轻犯罪者的借口　　　　　　　　　115
对母爱的渴望没有得到满足的人　　　　　118

第五章　5岁成年人和他们的精神支柱

即便成长在不利的环境之中也能获得幸福　　122
拯救5岁成年人的3个条件　　124
只要有心爱之人，就有战斗的勇气　　126
为所爱之人努力　　128
心怀憎恨的人无法获得幸福　　131
不能关爱他人就无法获得心理的成长　　134
少子化的问题无法通过制度来解决　　136
讨厌周围的人会使生活变得更加辛苦　　138
获得幸福的第一步就是不要期待周围人的关爱　　141
与讨厌的人保持距离　　144
缺乏关爱的人必然会寻求他人的关爱　　146
下定决心之时　　149
真正活着的瞬间　　151
5岁成年人的教主　　154
拥有承认自身幼稚的勇气　　157
为什么他们会选择集体自杀　　159

第六章　直面自己，改变生活方式

首先要了解自己欠缺什么	164
向享受生活的人学习	167
不必过于重视外在形象，对真实的自己拥有自信	169
活着就是成功	172
我渴望成为"粗茶淡饭也能满脸欢笑"的人	175
下雨时不必害怕被淋湿	180
半杯水	182
不要被过去束缚	184
我曾经也是5岁成年人	187
自己做决定才有真正自由的生活	189
当生活变得快乐时	192

后记　194

第一章

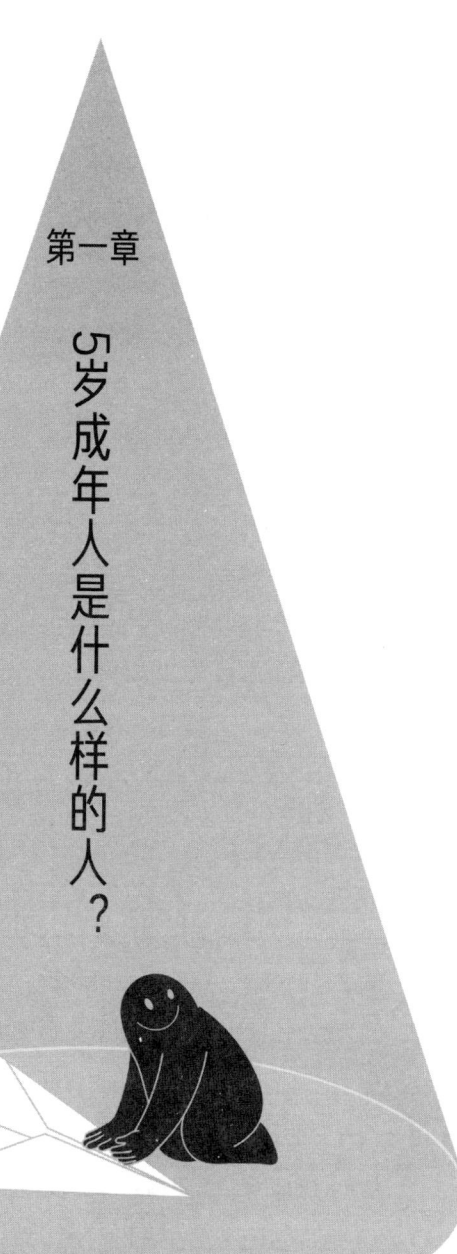

5岁成年人是什么样的人?

心理是5岁的小孩，身体是成年人

人生每个阶段都有需要解决的课题。

幼年期时，需要通过和小伙伴们在一起玩耍，培养自己的社会属性，这样可以使自己拥有战胜孤独的能力。同时还能区分自己和他人，确立起自我的保护线。

曾经有一群在东京名牌小学念书的孩子到一个乡村的旅馆过夜，因为他们的言谈举止非常没有礼貌，忍无可忍的旅馆老板女儿对他们说道："你们这样会影响到其他客人，请遵守礼仪。"但这些孩子回答说："要你多管闲事！我们念得可是东京最好的小学"。

像这样的孩子，早晚会遇到挫折。

因为他们虽然学习成绩很好，但交流能力很差。正因为缺乏交流能力，所以他们才会说出那样狂妄的话。这就是没有"培养出社会性"的孩子。

幼年时期的课题就是培养自己的交流能力。交流是能量之源。

我在大学担任教务主任的时候，曾经抓到一个盗窃的学生。

第一章 5岁成年人是什么样的人？

当时他说了一句话，"我学习成绩很好"。

很奇怪，不是吗？

如果在少年时期做了该做的事，到青年时期就不会在遇到问题时束手无策。但如果在少年时期没有解决应该解决的课题，到青年时期就会感觉活得非常辛苦。

大学生缺乏自主学习的能力，就是因为这些大学生在少年时代没有养成主动学习的习惯，所以这样的人在大学会感觉非常痛苦。一直以来他们都是在老师的监督下被动地学习，或者为了父母而学习。

所有的人，即便在高中学习成绩全校第一，上了大学之后没有知心朋友也不行。即便在大学学习成绩全校第一，走入社会之后没有自力更生的能力也会遭遇挫折。5岁成年人都没有认识到这个道理。

小女孩喜欢戴蝴蝶结，于是她认为不戴蝴蝶结的话就会被别人看不起。5岁成年人也有与之类似的心理，却领会不到这其实是一种错觉。

这样的人大多在人生的每个时期都没有解决那个时期应该解决的课题，结果就是在接下来的时期里遭受挫折，即便没有遭遇挫折，生活也非常辛苦。

在人生的当前时期完成相应的课题，就是给人生的下一个时期打下坚实的基础。如果没有打好基础，接下来的人生就会非常辛苦。从这个意义上说，5岁成年人就是没有打好人生基础的人。

逃避心理课题的"好孩子"

听家长的话，听老师的话，这样的"好孩子"在应该用自己的大脑进行思考的青年时期却逃避了"思考"这个课题。像这样少年时期的"好孩子"进入到下一个人生阶段时就很容易遭遇挫折。

学生即便在课堂上学会了解答问题的方法，实际上也并没有将其变成自己的能力。现在很多学生都存在这种"会理论、不会实践"的问题。虽然他们一直在学习，但能力并没有提高。

哈佛大学的心理学教授埃伦·兰格曾经提出，遇到问题立刻去找专业人士帮忙，会使自己失去解决问题的能力。要想找回自己解决问题的能力，在遇到问题时就要自己思考、自己行动，而不能立刻去向专业人士求助。虽然专业人士能够第一时间解决问题，但并不能使我们获得解决问题的能力。

同在少年时期一样，在青年时期付出努力多了解自己，今后的人生就不会那么辛苦。反之，轻则"感觉活得很辛苦"，重则遭遇挫折一蹶不振。

第一章 5岁成年人是什么样的人？

如果没有在青年时期完成应该完成的课题就直接进入到下一个人生阶段，会使人因为没有与他人进行过心灵上的接触而迷失自我。这样的人在选择交往对象时，不会以心灵相通作为判断基准，而是以是否对自己有利作为判断基准。最终，他的身边都是带着虚伪面具的人，他难免遭遇挫折。

他们在青年时期逃避了应该完成的课题，在对自己缺乏了解的状态下成了需要承担重要社会责任的"成功"人士。

他们的"成功"究竟是牺牲了什么换来的呢？答案或许是"与他人亲密接触的能力"吧，也可能是"心理的成长"。他们即便在自己的家里也找不到心灵的归宿，因为他们的夫妻关系并不亲密。

有的人因为害怕考不上大学而拼命学习，结果却错过了在这一时期本来应该做的事情。或许他在这个时期本来应该做的事并不是拼命学习，而是和好朋友一起享受娱乐时光，并且从娱乐中感受到快乐，享受生命的喜悦。

就算这个人如愿以偿地考上名牌大学并且顺利毕业，却没有掌握交流能力，当他走入社会之后，就很有可能在人际关系中遭遇挫折。而当这个人第一次体会到挫折感的时候，就会陷入恐慌，甚至失去生活的能量。也就是说，5岁成年人容易在这个时候陷入生存危机。

只要了解自己，就能生存下去

人生就像闯关一样，越往后越困难。很多人却在没有完成人生上一个时期课题的情况下就进入了人生下一个时期。如果最终的目标是登上珠穆朗玛峰，那么首先应该从家附近的小山开始进行攀登练习，然后逐渐提高攀登的难度和高度，最后才去挑战珠穆朗玛峰。心理的成长也一样。在没有掌握任何登山技巧的状态下攀登珠穆朗玛峰，恐怕只有死路一条。

在中年时期了解自己、相信自己，到了老年时期大概率就不会遭遇挫折。

但很多人在一点儿也不了解自己的情况下就进入了老年时期，最终含恨九泉。这些人生的失败者，绝大多数是5岁成年人。这也是他们人生痛苦的顶点。

我在前言中提到过："小时候明明不想帮忙做家务，却在父母的压力下被迫做家务的孩子，当他们成为家长之后也会强迫自己的孩子帮忙做家务。"5岁成年人在成为家长之后也不会允许

第一章　5岁成年人是什么样的人？

自己的孩子为所欲为。

在本章的开头，我说人生每个阶段都有需要解决的课题，除此之外，人生在每个阶段也有需要满足的欲望。5岁成年人除了存在需要解决的课题没有解决的情况之外，也存在需要满足的欲望却未被满足的情况。所以他们对其他人也很苛刻。

在儿童时期充分满足了欲望的成年人和5岁成年人即便生理年龄相同，心理状态也完全不同。因为在儿童时期欲望获得了满足，所以心理健康的成年人在做5岁成年人觉得"辛苦"的事时大多不会有辛苦的感觉。

美国人的离婚率非常高，而且与把全部精力都放在孩子身上的日本家长相比，美国家长更重视自己的事情，但为什么美国的小孩比日本的小孩更重视和尊重家长呢？

这是因为美国的家长通过做自己想做的事情获得了满足。因为获得了满足，所以对孩子也会更加宽容。

许多日本家长都是5岁成年人，与美国家长相比，一部分日本家长的内心因为缺乏满足感，所以他们对孩子也更加严厉和苛刻。另一部分日本家长则因为缺乏自信而对孩子放任自流。

因为过于认真而令人困扰的人

5岁成年人的性格特征之一是过于认真且心怀憎恨。

为了让大家了解性格过于认真的人有多可怕,我来举一个稍微有些极端的例子。

这个事例的女主人公59岁,她的丈夫63岁,且是一名非常认真的人。这位女主人公偶然得知她的丈夫在外面有情人并且生了个孩子,这名情人曾经是她丈夫公司里的下属,现在51岁。

她之前一直没有发现这件事,直到四五年前才隐约感觉有些奇怪。于是她给自己之前就一直有所怀疑的那位女性家里打了个电话,接电话的是那名女性的母亲,那位母亲无意中透露了事情的真相。这下她终于意识到问题的严重性。经过调查之后她发现,她的丈夫每个月只去公司两三次。她一开始以为她丈夫新买的房子是给他们自己居住,但经过仔细的分析之后她发现,房子似乎是她丈夫准备和情人一起住的。

"不管是装修风格还是房间布局,他从没跟我和儿子商量过,他买这个新房子肯定是为了和那个女人一起住的。"

第一章　5岁成年人是什么样的人？

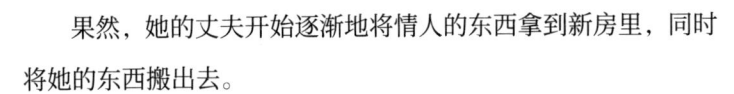

果然，她的丈夫开始逐渐地将情人的东西拿到新房里，同时将她的东西搬出去。

"把我的东西搬出去，把那个女人的东西搬进来，而且他这样做的频率越来越高，就连孩子的东西都被他搬出去了，他往家里买的都是那个女人喜欢的东西……"

可能是想让儿子穿情人买的衣服吧，她的丈夫甚至开始更换儿子衣柜里的衣物。这种看起来有些卑劣的做法，正是那些被认为"认真"的人最普遍的做法。

她的丈夫开始穿情人给买的内衣裤，对她的冷暴力也愈演愈烈。儿子的抽屉里开始出现那个女人的内衣，她的抽屉里则出现了那个女人的衣服。

"虽然每一件都是小事，但却让人感觉喘不上气来。"

儿子的床头柜下面摆了5叠祭祀用的纸钱，餐椅的底部被用刀划出一个正方形，瓦楞纸箱上插着许多大钉子。

"他还将我的项链戴在猩猩玩偶的脖子上并将这些玩偶放在房间的角落，将点燃的蜡烛放在火柴盒上，家里总是出现这些诡异的变化，让我毛骨悚然。"

这一切似乎都是情人指使她的丈夫做的。以前在公司的时候，她的丈夫和情人就都是非常认真的人。

认真的人靠不住

我认为表现得非常认真的人都不可靠。在这个世界上，认真的人基本上都非常严苛，而宽容的人则都不那么认真。

为了赢得他人的好感或为了被他人接受而表现得认真的人，一旦发生变故就会判若两人，完全没有道德可言。他们只是为了伪装自己而表现得遵守伦理道德，其实背地里根本不会遵守伦理道德。

大卫·西伯里曾经这样说道：

"人类的道德来自本性的进化，是自然而然地诞生出来的东西。"

因此否定自己的本性装出一副认真模样的人，并不是一个有道德的人。只有能够做到自我实现的人才是真正有道德的人。

"认真的人内心之中往往隐藏着憎恨。"

当我将这句话告诉前面提到的那位女主人公的时候，她这样说道：

"我和丈夫的同事提起这件事，他们都不相信。"

第一章　5岁成年人是什么样的人？

她因为这件事痛苦了好几年，又因为"已经到了这个年纪"而无法做出离婚的决定。

她的丈夫和那个情人在公司里都是非常认真的人，可能他们自己并没有意识到，这种认真其实是为了抑制隐藏在他们内心深处的憎恨，使其不会爆发出来。如果他们表现出自己的本性，这种可怕的憎恨就会自然而然地流露，所以他们为了保护自己而下意识地表现出非常认真的样子。

人类为了抑制内心之中的不安、纠结和憎恨，才会努力遵守伦理道德。通过严格遵守伦理道德，人们才能防止内心之中的这些负面感情爆发出来。

严格遵守伦理道德的人，属于防御型人格。这样的人总是带有一种害怕在他人面前表现出卑劣言行的不安，因此他们会下意识地让自己保持非常认真的态度。这样的人虽然很认真但缺乏活力、不够开朗、内心深处非常阴暗。这样的人在日本到处都是。

随心所欲地做自己想做的事情的人能够获得满足

5岁成年人从小就一直被迫做自己不想做的事，他们心中对此充满了憎恨，同时他们也憎恨那些可以不必被迫去做不喜欢的事情的人。

另一方面，他们也从没有随心所欲地做过自己想做的事。5岁成年人从没有过"不管别人怎么说，自己都一定要做"的经历。而那些幸福地享受人生的人，则都有过"我想做这件事，我一定要做"的体验。这种体验会使人感觉"无怨无悔"，并让人获得不可替代的满足感。

5岁成年人没有这种满足感。在这个世界上虽然有很多5岁成年人，但也有很多享受幸福人生的人。两者之间的区别，就在于是否拥有满足感。

不能随心所欲地做自己想做的事，只能按别人的命令行事，或者在憎恨的驱使下采取报复的行动，这样的人生怎么可能快乐呢？

第一章 5岁成年人是什么样的人？

只有在随心所欲地做了自己想做的事情之后，人才能获得满足，才能感到无怨无悔。遗憾的是，5岁成年人从没有过这样的经历。

在人际关系上也一样。5岁成年人没有"做了所有的努力、付出了所有的感情，即便对方仍然不接受自己，也无怨无悔"的经历。

比如前面提到的那对夫妻，他们的婚姻就没有牢固的感情基础，然而他们又不肯通过离婚来解决这个问题。5岁成年人既没有在工作上尽心竭力，也没有在感情上付出一切。

随心所欲地做自己想做的事，并从中获得满足，这是人生的快乐之本，但5岁成年人却没有将生活的重心放在这件事上。

享受快乐可以使人生变得更加轻松

心理健康的人会将"享受快乐"作为自己生活的重心。

比如一个小孩不会跳绳，他为了学会跳绳而废寝忘食地练习了好几个小时。虽然他比别人花费了更多的时间，但他最终学会了。在母亲看来，孩子付出了这么多辛苦才学会跳绳，肯定感觉他"很可怜"，而其他人则会认为这个孩子"很有毅力"。

实际上，这个小孩只是在享受跳绳的快乐。他一点儿也不觉得跳绳是件痛苦的事。虽然周围的大人从付出的时间的角度出发，认为孩子"很可怜"，但小孩本人却乐在其中。

也就是说，即便在他人看来，花费好几个小时练习跳绳完全是一种折磨，对孩子来说却是非常快乐的时间，而且这个孩子还会因为终于学会了跳绳而获得成就感。这样的孩子就能成长为一个心理健康的大人。

5岁成年人则恰恰相反。他们不管做什么事情都会感到痛苦。

他们总是在勉强地做自己不想做的事，所以非常辛苦。尽管

第一章 5岁成年人是什么样的人?

他们在拼命地忍受,却几乎没有人会称赞他们"有毅力"。

5岁成年人认为自己付出了巨大的努力,应该得到称赞,但在旁人看来,他们根本没有取得什么成果,所以不值得称赞。不情愿地做自己不喜欢的事,既痛苦又难以取得成果,当然也得不到他人的认可。而喜欢跳绳的孩子,不但在享受快乐的同时取得了成果,还能得到他人的称赞。

5岁成年人也很努力,只不过他们努力的能量,并非来自与他人的交流,而是来自恐惧。

在旁人看来同样是走路,心理健康的人是主动向目标前进,而5岁成年人则是被动地逃避追赶。

综上所述,5岁成年人的第二个性格特征就是"不曾享受快乐"。

忍耐的孩子不能容忍不忍耐的孩子

　　5岁成年人的第三个性格特征是不能容忍他人的缺点，也就是缺乏宽容。

　　假设有一个每天早晨都早早来到公司打扫卫生的员工，他并不是真心愿意打扫卫生，而是被迫这样做，那么这个员工就不能容忍新员工上班迟到。

　　如果这个员工是因为喜欢干净所以主动每天早晨早早来打扫卫生的话，那么他就能够原谅新员工上班迟到。

　　小孩也一样。平时经常被家长教育"要忍耐"的孩子，在看到别人不忍耐的时候，就会感到非常的气愤："为什么我必须忍耐，而别人就不用忍耐！"

　　被家长强迫擦桌子的孩子，不能容忍别的孩子不擦桌子。如果强迫这个孩子容忍别的孩子不擦桌子的话，就会使他充满挫折感。为什么自己必须做的事，别人却可以不做呢？还有比这更令人绝望的事吗？如果是因为心理上的成长而主动去容忍他人的话另当别论，但处于儿童期的孩子不可能出现这种心理上的成长。

第一章　5岁成年人是什么样的人？

被迫自己削铅笔的孩子，不愿意将削好的铅笔借给没削铅笔的同学。因为他自己明明不情愿却忍耐了下来，所以他不能容忍其他孩子的不忍耐。

假设有一个人从小就一直忍受各种痛苦，那么当他长大成人之后，就绝对不会容忍别人随心所欲。同样，他也不能容忍别人轻松地享受人生。

对于不管什么样的痛苦都一味忍耐、拼命努力才生活下来的人来说，让别人能够轻松享受人生的社会制度是绝对难以容忍的。没有忍受任何痛苦、没有付出任何努力、怠惰地生活的人，却因为赚的工资少而不用缴纳税金；忍受了所有的痛苦，付出了艰辛的努力才赚取高额的工资的人，却要缴纳高额的税金，这种社会制度是绝对难以容忍的。

这种思考方式或许与普遍的社会常识相违背。但如果将这种"扭曲的思考方式"放在那个人所处的状况之中，就会发现那个人之所以这样思考是非常合理的。这只是他们在自己所处的严酷环境中所产生的自然反应而已。

让那些忍受痛苦并拼命努力生活的人，去容忍那些不努力也能轻松享受人生的人，就相当于让他们否定自己一直以来的生活方式、自己的价值和存在的意义。如果他们迫于某种压力而不得不容忍，他们必然会陷入深深的绝望。

一直坚持刻苦努力并在社会上取得成功的人，倾向于保守主

义可以说是理所当然的事。因为其他人没有付出像他们那么多的辛苦和努力。他们最不能容忍的，就是他人没有付出艰辛的努力却仍然能够轻松地享受人生。

否定自己身为人的天性、近乎虐待地鞭策自己、竭尽全力地去做自己讨厌的事、努力地生存下来并取得成长，结果却不得不去容忍那些随心所欲享受人生的人。这种自己的一切都被否定的绝望感，使他们的内心之中充满了憎恨。而他们不得不将这种含有杀意的憎恨埋藏在心底，带着深深的绝望，活在憎恨和痛苦之中。

他们对他人随心所欲地享受人生的恨意深浅，取决于他们对痛苦的忍耐程度的深浅。他们越是痛苦、越是忍耐，越是无法容忍轻松惬意地享受人生的人。而当他们迫于周围的压力不得不接受和容忍时，那种巨大的绝望完全超出我们的想象，所以他们的内心充满憎恨也情有可原。

如今日本的许多中年工薪族，就处于这种绝望之中。他们不愿承认现在这些年轻人的生活方式。他们认为像他们那样勤勉的人生才是正确的。但时代发生了变化，他们成了年轻人眼中的"油腻中年男"。为了不被时代抛弃，为了不被年轻人嫌弃，尽管他们并不愿意，也只能容忍现在的年轻人轻松的生活方式。结果就是他们的心中充满憎恨，陷入深深的绝望之中。

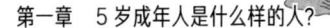

另一方面，也有生机勃勃的中年工薪族。他们之所以没有陷入绝望之中，原因之一就在于他们并没有强迫自己去认可和接受现在的年轻人那种轻松的生活方式。

战胜憎恨就能获得尊重

不管在什么地方，都有言论很正确、行动也没有错误，却没有人愿意追随、缺乏人望的人。之所以会出现这样的情况，是因为这个人没能战胜自己内心之中的憎恨。

有些组织的领导和政治家就属于这种类型，他们也感觉很奇怪，为什么自己的言行都没有错误，却无法得到他人的支持呢？其实答案很简单，没人支持是因为没有人望，没有人望是因为没有人品。

他们的言行确实都很正确，但他们也不能容忍别人的错误，这样的人没有战胜自己内心之中的憎恨，外在的表现就是人品低下。

正所谓："将军额上能跑马，宰相肚里能撑船。"不管在感情上和心理上遭遇多少痛苦，也不会产生憎恨，心胸宽阔、能够容忍他人，这样的人就是"战胜憎恨"的人。

就像一个被迫擦桌子的孩子，在看到其他孩子不擦桌子的时候也能够容忍他们这种行为，并且不会因此而感到绝望，这样的孩子就战胜了内心之中的憎恨,将来必成大器。

当然,我只是为了便于大家理解才用前文中提到过的被迫擦桌子的孩子容忍其他孩子不擦桌子的行为作为示例,实际上没有哪个孩子能够做到这一点。但长大成人之后,有的人就能战胜这些心理上的问题。

即便一直在被迫适应残酷的环境,也有人保持着没有扭曲的正确的价值观。即便一直被迫做自己不愿做的事,也有人能够容忍那些轻松享受人生的人。即便一直忍受着残酷的虐待,也有人不会因此而憎恨那些生活在幸福之中的人。

一直被婆婆欺负的儿媳妇,今后成为恶婆婆的可能性非常大。因为她的心中充满了对婆婆的憎恨,所以她要将这种憎恨转嫁到自己的儿媳妇身上。毕竟人非圣贤,就算她不会去虐待自己的儿媳妇,至少也不能容忍儿媳妇轻松地享受生活。

也有虽然遭到严苛的对待仍然能够原谅婆婆的儿媳妇。她们或许知道婆婆之所以会变成那样的人一定也是有原因的,她们或许知道这样的婆婆生活一定并不幸福,所以才会原谅婆婆。即便如此,她们的心理仍然会留下伤痕,并且在将来成为婆婆之后难以拥有一颗宽容的心。

真正伟大的人

一个真正伟大的人,能够战胜心魔,进入到更高的境界。比如一个人在当儿媳妇的时候受尽严苛的对待,即便如此,她之后仍然成为了一个宽容、善良的婆婆。这样的人,就是一个真正伟大的人。

在这个世界上,有许多不愿吃苦、耽于随心所欲地享受生活的人,也有不愿努力提高自己、不愿努力工作、只赚很少报酬的人。在这种情况下,付出艰辛的努力、赚取高额的工资并缴纳高额的税金,却仍然能容忍其他人赚很少的钱也不用缴纳税金的人,就是真正伟大的人。

经济上比较宽裕的人,如继承了巨额的遗产、衣食无忧的人,对经济拮据的人宽容一些应该是理所当然的事,这其实也并不难做到。

难的是在一贫如洗的状态下通过努力终于取得成功的人,在非常残酷的环境中顽强地幸存了下来,却能够对随心所欲享受生活的人报以宽容的态度,这就是真正伟大的人。

一个人之所以能够成为领导者,受到他人的尊重和支持,并不是因为他的道理更正确，而是因为他的灵魂更高尚。我认为能够接受自己遭遇的一切不公平，大度是成为伟大的人必不可少的品质。

尽管自己非常不情愿，却仍然坚持着削好铅笔的孩子，能够将自己的铅笔借给忘记削铅笔的同学，这种能够容忍他人行为、理解他人心情的"心理上的宽裕"，就是伟大的气量。

只有这样的人，才能够使他人感到安心和信赖。而只有正确的言行，没有宽容的气量，并不能使他人感到安心和信赖。

当然，即便心中接受自己遭遇的一切不公平，但脸上总是一副苦大仇深的样子也是不行的。乐观开朗、积极向上也是成为伟大之人的必要条件。一个人不管遭受多么残酷的虐待，也不将痛苦表现出来，仍然面带微笑，就是拥有伟大的气量的人。

我认为在历史变革时期的成功领导者，都是非常了不起的人物。因为他们不但要拥有伟大的气量，同时还要拥有过人的才能。

名留青史的总理大臣都拥有伟大的气量。除此之外，他们还需要拥有过人的才能。因为即便拥有伟大的气量，但能力平庸的总理大臣，并不能得到国民的认可。变革期的领导者必须在心理和头脑两方面都非常优秀才行。

遗憾的是，如今日本并没有这样的政治家。

第二章
5岁成年人渴求5岁孩子需要的爱

关爱他人的能力

随着年纪的增长，人不得不承担起越来越多的责任。就像在企业之中，刚入职的新员工只需要按照前辈和上司的吩咐完成工作任务，而随着职位的提升，他们就不得不承担责任，甚至需要自己主动地进行企划立案。

如果一个员工到了35岁仍然没有这种承担责任的心理准备以及积极完成工作的态度，那么他在公司里一定会感到非常的痛苦。这就是5岁成年人最常见的状态。

小孩子在一起玩耍的时候，有的小孩可能仅凭力气大或者嗓门大就能成为孩子王。因为儿童时期是一个能够被包容和被原谅的时期，小孩子不必承担任何责任，可以非常自然地依赖他人。

当这样的时期结束之后，人就要面临考验，并且承受压力。之前越是依赖他人的人，感受到的压力就越大。

小孩子因为绝大多数时间都处于被保护之中，所以很少有机会锻炼自己的心理承受能力。

人们都认为小孩子心理幼稚是理所当然的事，对小孩子向大

第二章 5岁成年人渴求5岁孩子需要的爱

人单方面地索求关爱也不会感到有任何问题,所以小孩子不管遇到什么事都能蒙混过关。

当小孩子长大成人之后,就需要拥有承担责任的勇气和关爱他人的能力。对于那些缺乏积极性的成年人来说,工作中的每一天都会使他们感受到巨大的压力。他们每天只是活着就要耗费掉巨大的能量,最终等待他们的只有被耗竭的结局。这就是5岁成年人的痛苦。

身为需要承担责任的成年人,却缺乏积极性,这样的人要想继续生存下去,就只能依赖他人,并且让周围的人都关爱自己。在成年人的世界之中,怎么可能有这样的好事呢?

这样的人为了让自己能够度过人生的这一阶段,恐怕只能大叫着"都是那家伙不好"将责任转嫁给他人或者否认现实。

也就是说,在缺乏心理自立性、积极性和能动性的状态下,还要承担成年人的责任,就只能依靠这种被害者心理。5岁成年人之所以从被害者的角度出发,认为"大家都欺负我",就是这个原因。

他们认为只要自己大声地抱怨"我好辛苦",大家就会主动地围上来关爱自己。当这种方法不管用的时候,5岁成年人就会感到难以承受的压力,并因此而耗竭生命的动能。

做自己想做的事就能避免被耗竭

被耗竭的人，如果在儿童时期能够有机会随心所欲地做自己想做的事，或许就不会在以后成为5岁成年人。只有做自己想做的事，才能培养起积极性。

遗憾的是，被耗竭的人完全没机会做自己想做的事，所以也无法培养积极性。

本来人应该在儿童时期做自己想做的事，自然地、健康地长大，但5岁成年人却是在被迫做自己不想做的事情的状态下被动地长大成人。也就是说，他们并没有自然地成长，而是被动地成长。

大人都希望孩子能够将自己的东西分享给别人，但如果小孩子说"不愿分享"，那应该怎么办呢？事实上这也是很正常的事，因为小孩子都很坦率，不愿意就是不愿意。比如换一个例子，你的丈夫让你将自己最喜欢的那套洋装借给他的妹妹，你会怎么做呢？

重要的东西正因为重要，所以才不能轻易地借给别人。我有个朋友就曾经说:"我绝对不会把钢笔借给别人。"

真正的关爱,是自己拥有一颗懂得爱的心,然后主动地去关爱他人,而不是在某种力量的强迫下,被动地去关爱他人。5岁成年人普遍在儿童时期被强迫关爱他人,所以当他们长大成人之后,即便外在光鲜亮丽,内心却不懂得什么是爱。

5岁成年人在儿童时期就被强迫"将自己喜欢的东西借给别人",并且错误地认为这就是关爱他人。心理健康的成年人则知道关爱并不是被迫的,而是主动的。

心理健康的成年人在关键时刻更加强大

　　5岁成年人可能看起来很优秀、性格开朗、积极向上,但这其实并不是他们的真面目,而是在某种力量的强迫下表现出来的假象。小孩子在信任他人时,就会表现出积极的态度。而5岁成年人即便并不信任他人,也要被迫表现出积极的态度。所以他们虽然表现得很积极,实际上并没有真正地体验过积极的行动。

　　一味地渴求他人的认可、总是生活在紧张状态之中的5岁成年人,虽然表面上看起来很积极,但实际上完全没有活力。他们完全是在压力之下被迫努力。

　　这就像一个人被迫记住"苹果"这个单词,却完全没吃过苹果一样。5岁成年人的人生就像这样,所有的一切行动都是被迫完成的。

　　5岁成年人就好像"吃"了很多图片上的苹果,吃了很多虚假的幻象。同时他们又瞧不起那些只吃过一个真正的苹果的人。也就是说,当他们在社会上取得了一定的地位之后,就会瞧不起比自己地位低的人。

第二章　5岁成年人渴求5岁孩子需要的爱

　　每天都生活在紧张之中的5岁成年人，一旦遭遇挫折，就会感到"为什么我这么努力却还失败……"，并且一蹶不振。与之相对的，心理健康的成年人则每天都生活得很轻松，所以在关键时刻更能表现出强大的韧劲，不管遇到什么挫折都敢于继续面对。

年轻母亲的育儿焦虑

以育儿为例。在当今的日本,许多年轻的母亲都有育儿焦虑。

很多年轻的母亲都是在有了孩子之后才意识到"自己要承担责任",而且她们也惊讶地发现,"自己承担责任"的生活方式和自己之前的生活方式截然不同。

结婚前的年轻女性一味地要求他人理解自己,如果对方不理解自己,就会以"为什么你不理解我的难处"来责备对方。

当这样的女性开始养育孩子时,她忽然发现自己必须去理解孩子。哪怕自己已经为了照顾孩子累得筋疲力尽,孩子仍然不会对此有丝毫的理解,仍然在夜晚突然地哭闹,在白天贸然地去做危险的事情,甚至莫名其妙地大发脾气。

如果没有心理上的成长,认为育儿非常辛苦也是理所当然的,5岁母亲都会感觉"生活非常辛苦"。

女性不但要做家务,还要兼职打工,照顾家人,导致身心俱疲。而孩子又不听话,在学校不好好学习,在家整天玩游戏。

第二章 5岁成年人渴求5岁孩子需要的爱

即便如此,母亲也不能以"为什么你不理解我的难处"来要求孩子理解自己,因为这就是父母的责任。世界上还有比这更辛苦的事吗?

孩子不愿意学习,做父母的试着理解孩子的心情。就算孩子不愿意理解父母,父母也必须试着理解孩子。

在生孩子之前,女性可以要求他人理解自己的辛苦,并且责备不理解自己的人。但有了孩子之后,一切都反过来了。现在轮到母亲必须去理解孩子。

就算孩子做错了事,也不能一味责备孩子。不仅如此,母亲还要反省自己为什么会养育出这样的孩子。

这种超乎想象的心理压力使许多年轻母亲都出现了育儿焦虑。因为不但没有人理解她们的辛苦,当出现问题时她们还会被追究责任。

心理年龄只有5岁的母亲即便出现"想死"的想法,有时候也没什么好奇怪的。因为感觉"活得非常辛苦"就是5岁成年人最大的特征。这种得不到任何人理解的状况使他们感到非常的绝望。

活得很辛苦的父亲的困境

父亲们也一样。他们在公司里工作非常辛苦，不知道自己什么时候会被解雇，从年功序列制变成能力主义制，年轻人变成自己的上司，工作越来越难做，巨大的压力几乎要将他们压倒。本以为至少家人能够理解和感谢自己，结果回到家里一看，孩子又惹出了一大堆的麻烦。

"为什么你不能理解我的难处，为你的父母想一想吧，不要再惹麻烦了"，虽然父亲很想像这样让孩子理解自己，但他不能这样做。反之，他还必须理解处于叛逆期的孩子的心情。所以生活变得更加辛苦。

人在处理自己的事情就已经竭尽全力的情况下，根本没有多余的精力去理解他人。但父母却必须理解孩子的心情。如今日本有很多这种处理自己的事情就已经筋疲力尽，虽然想去理解孩子却没有精力做到的年轻的家长。这使得他们承受着巨大的压力，内心之中满是焦虑。

5岁父亲和5岁母亲一样，都生活得非常辛苦。

第二章 5岁成年人渴求5岁孩子需要的爱

在自己一个人游泳都险些溺水的危险情况下，背上还要背着一个不会游泳的人，结果只能是两个人都溺水而亡。

希望别人理解自己，是只有小孩子才会做的事，而父母有时候不能提出这样的要求，因为父母需要承担责任。孩子可以抱怨"我都这么努力了，为什么不行"，而父母即便真的竭尽全力却没能取得理想的结果，有时候也只能反省是不是自己的方法有问题。

在这个世界上，有很多一遇到点儿事情就抱怨个没完的人，这就是5岁成年人。这样的人根本无法养育孩子。如果他们养育孩子的话，一定会出现育儿焦虑。如果他们没有陷入焦虑的话，那就是孩子陷入了焦虑。

我的父亲曾经有一次对我们大吼："凭什么只有我一个人工作，从明天开始你们都给我去干活。"当时我还在念小学，但我至今仍然对这件事记忆犹新。如果大家都是成年人，生活在一起，那么父亲的愤怒也是理所当然的。毕竟大家都是有能力承担责任的成年人，只让一个人去工作，其他人游手好闲确实很让人感到愤怒。

对我的父亲来说，养育孩子是一件非常辛苦的事，所以他对孩子产生了憎恨，这种憎恨使他对孩子产生出了敌对的心理。

在日本，有许多拥有很强的被害者意识的人。因为承担责任是一件非常辛苦的事情。对一个心理上还是个孩子，处于不承担

长不大的成年人

任何责任状态的人来说，被迫像成年人一样承担责任实在是过于辛苦。所以他们除了用被害者意识来保护自己之外没有任何办法，他们一味地抱怨"为什么只有我一个人要遭受这样的痛苦"，并且怨恨周围的人。

我的父亲就是在心理上还是个不必承担任何责任的孩子，在实际生活中却是一个需要承担父亲责任的成年人。因此他产生了被害者意识，他抱怨"为什么只有我一个人在辛苦的工作，这也太不合理了"。

这种认为只有自己面临悲惨遭遇的想法，正是5岁成年人内心的真实写照。他们因此而憎恨家人，产生出敌对的心理。拥有很强的被害者意识的人，基本上都具有被害者的心理。

也就是说，5岁成年人就是虽然心理仍然非常幼稚，却要被迫承担社会的责任，面对生活束手无策，每天都感觉非常辛苦的人。

非常喜欢的宠物狗死了，心理健康的成年人在感到悲伤的同时也会反省自己，在狗狗还在世时应该再多带它出去散散步的，那个时候不应该因为自己心情不好就冲它发脾气。所以下次再养宠物狗的话，一定会有更好的方法。

5岁成年人却会认为"我明明对它那么好，它怎么能死掉"，于是对狗产生怨恨。结果就再也不会养狗了。

5岁成年人渴求5岁孩子需要的爱

有些饭店里提供儿童套餐，很多孩子都很喜欢吃儿童套餐。你让一个5岁的孩子吃米其林餐厅的高级料理，他可能也不觉得好吃。5岁的孩子就很喜欢吃儿童套餐里的鸡蛋卷和汉堡肉饼。

5岁的孩子渴求的爱，和成年人渴求的爱也不一样。

很多人为5岁的孩子付出爱的方式，就像给5岁的孩子吃米其林高级料理一样。鸡蛋卷和汉堡肉饼的爱，在成年人看来太廉价了，所以成年人不会付出这样的爱。

5岁的小男孩出于好奇给自己涂了口红，母亲发现后训斥他说"男孩子这样做太丢人了"。这从社会常识的角度来说似乎是正确的。我也认为这位母亲的做法并没有错。

但对孩子来说，这或许有些令他难以接受。所以我给母亲的建议是，"就让孩子这样做吧"。如果男孩子涂着口红和母亲一起坐公交车，母亲可能会感到很丢人，但孩子这样尝试一段时间，

新鲜劲儿和好奇心消散之后，自然就不会再继续涂口红了，因为他已经从中得到了满足。

如果一个35岁的男性工薪族要涂口红去上班，他的恋人或妻子一定会阻止他吧。这个恋人或妻子的做法，从社会常识的角度来说也是正确的。

如果自己爱的男性要做一些违反社会常识的事情，身为其恋人的女性一定会提醒并阻止他做这件事，即便男性不愿意，女性也会这样做。这就是成年人的爱。但如果这位男性虽然在社会上和身体上是35岁，心理上却是5岁的话，那么这位男性就会和5岁的孩子一样想要尝试奇特的装扮。

在这种情况下，劝阻这位心理是5岁的成年男性不要去涂口红，就像给孩子吃米其林餐厅的高级料理一样。作为其恋人的女性，即便知道这样做自己会被对方讨厌，也仍然会出于为对方考虑而出言劝阻。但对5岁成年人来说，会感到难以接受。

另一方面，也有因为不想被对方讨厌而不出言劝阻的恋人。为了不引起对方的反感和厌恶，允许对方尝试奇特的装扮，这就是"鸡蛋卷和汉堡肉饼"的爱。

当5岁成年人想要做一些在旁人看来"很丢脸"的事情时，及时地劝阻才是真正的爱。但对5岁成年人来说，因为其心理年龄还停留在5岁，所以对这种出于善意的劝阻只会感到难以接受。5岁成年男性即便遇到真正爱自己的女性，也仍然感觉生活得非常辛苦。

5岁成年男性需要无条件包容自己的女性

在这个世界上有许多男性需要一个像母亲一样能够无条件包容自己的女性,这就是5岁成年男性。

如果一名5岁成年男性陷入了爱情,那么他一定会完全依赖对方。也就是说,他需要女性无条件地称赞自己、安慰自己。艾瑞克·弗洛姆曾经说过,在近亲相奸的愿望之中"包含了对无条件的爱的渴求"。5岁成年男性渴求的就是无条件爱自己的女性。

5岁成年人希望恋人像母亲保护孩子一样保护自己,这也是他们与恋人相爱的前提。对心理年龄只有5岁的他们来说,恋人像母亲保护孩子一样保护自己是理所当然的事,一旦对方没有做到这一点,他们就会感到非常的愤怒,并且对恋人产生不满。虽然不满,他们又需要恋人来保护自己,这种内心之中的纠葛就会愈演愈烈。

幼儿做了某件事之后,会骄傲地问母亲:"我厉害吗?"这时母亲就会称赞说:"哇,好厉害。"5岁成年人也希望恋人能够这样经常称赞自己。

小女孩自己戴上一个发夹，母亲会惊讶地说"哇，好厉害"。于是女孩自己又戴了一个，母亲又说"好厉害"。接着女孩自己又戴了第三个。

这时候如果母亲说"只戴一个就好"，女孩就会感到很无趣。她希望自己可以戴很多个，然后从中选出一个自己最喜欢的，但现在因为母亲说"只能戴一个"，使得女孩的愿望落了空。她会因为母亲没有无条件地包容自己而感到焦躁，并对母亲发脾气。

5岁成年人也一样，当恋人没有无条件地包容自己时，他们就会对恋人发脾气，所以他们总是对恋人感到不满。反复几次之后，他们甚至会对恋人产生敌意。但正如前文中所说，即便有敌意，他们也离不开恋人。

5岁的小孩会发脾气说"不给我吃巧克力我就不去幼儿园"，同样，5岁成年人即便在结婚之后也会因为某种理由而不愿意去上班。但身为成年人的责任迫使他们不得不去上班，所以他们只能极不情愿地去上班。

因为不情愿也要做，所以心中就会出现不满，这些不满也是使5岁成年人感觉生活辛苦的原因之一。

5岁成年人的5个特征

在前文中我介绍了5岁成年人的几个性格特征，包括过于认真、缺乏宽容等。在本节中，我将更具体地介绍5岁成年人在生活上表现出的特征。

第一个特征是他们喜欢谈论关于自己的话题。比如滔滔不绝地讲述自己在公司里多么优秀或者多么辛苦，如果对方表现出不感兴趣的态度，他们就会很不高兴。但如果对方对他们的"辛苦"表示同情，他们则会非常开心。5岁成年人活得都非常辛苦，所以他们非常渴望得到他人的同情。

5岁成年人"希望大家都宠爱我"。因为5岁的小孩就希望大家都宠爱自己，所以5岁成年人也一样。在他们的成长环境中只有义务和惩罚，导致他们从小被宠爱的需求没有得到满足。

第二个特征是他们容易头疼。很多人都会说"我头疼"。但这些人的头疼是因为压抑愤怒的情绪导致的。对他们来说，头疼其实是愤怒的外在表现。头疼的原因在于心理而非身体，因此即便去医院检查也查不出任何问题。但他们的头就是疼。

第三个特征是他们喜欢全家一起去旅游。因为小时候没有在家人的关爱上得到满足，所以当他们成为父母之后，就会为了弥补自己儿时的遗憾而经常全家一起去旅游，当然他们自己并没有意识到这一点。因为旅游的目的是满足自己，所以如果他们玩得不开心的话就会觉得旅游毫无趣味。

第四个特征是他们要求自己的妻子必须时刻保持微笑和热情，否则他们就会不高兴。5岁成年人在儿童时期时，家里的气氛非常沉闷，所以这个特征也说明他们想要弥补小时候的遗憾。

如果妻子一方是5岁成年人，她就会表现得非常任性。她们在童年时获得父爱的愿望没有满足，在婚后会渴望丈夫像父亲一样无条件地宠爱她们，如果对方没有做到，她们就会表现出愤怒，经常闹别扭、行为乖张。

第五个特征是他们对食物非常执着，如果吃的东西少就会发脾气，吃的东西多则很开心。这是因为他们在小时候缺乏家庭的关爱，所以在长大成人之后寻求弥补。正所谓"食物是爱的原点"，心理健康的人在长大成人之后仍然有忘不掉的童年味道，而5岁成年人则没有。

第三、四、五个特征，都是5岁成年人在儿童时期关爱的需求没有得到满足的结果。5岁成年人大多没有温馨幸福的童年。

如今日本的父母大多是5岁成年人

现在有很多缺乏责任感的母亲,虽然生下了孩子,但她们完全没有当妈妈的感觉。当然,生养出这种不负责任的母亲的人也同样是不负责任的母亲。

在任何一个时代,成年人都喜欢将"如今的年轻人"挂在嘴边。据说就连古埃及的文字中也写着"如今的年轻人"之类的话。

即便如此,我却想说"如今日本的父母"。如今日本的父母认为只要孩子的身体长大,那孩子就是长大成人了,却忽视了孩子的心理成长。

劳伦斯·珀文曾经指出,孩子需要积极主动的关爱。实际上即便不用劳伦斯·珀文说,大家应该也都知道这个道理。但现实情况是很多孩子都得不到必要的关爱,更别提积极主动的关爱了。这样的孩子长大之后必然会成为5岁成年人。

如果这些孩子长大之后成为5岁父亲或者5岁母亲又会如何呢?

他们需要对自己的孩子付出关爱，这对5岁的父母来说非常辛苦。

对于成长在关爱中的人来说，对他人付出关爱是很正常的事。他们并不需要强迫自己去关爱他人，这是他们自然而然就能做到的事。

对于从小就缺乏关爱的5岁父母来说，他们必须通过非常艰苦的努力才能对他人付出关爱。由于这种关爱并不是自然而然产生的，所以并不足以满足孩子的心理成长。

5岁父母光是维持自己的生活就已经付出全部的精力，在无法解决自己内心纠葛的状态下努力地生活着，他们根本没有多余的精力再去照顾别人。在有了孩子之后，他们又不得不照顾自己的孩子。这就像是让一个已经负重到极限的人，还要继续拿起孩子的行李，结果就是他们不堪重负。

挨饿的"好孩子"

儿童时期没有无忧无虑地尽情玩耍,长大成人后却要承担全部的责任,这对5岁成年人来说是非常残酷的事情。

这是一场不管被怎样残酷地虐待都必须保持微笑的考验。5岁成年人在儿童期时,不管他们心中有怎样的不满,都不能表现出来,还必须做出满足的样子。就像强迫婴儿即便尿湿了尿布、饿着肚子也绝对不能哭一样。

自己肚子很饿,周围其他的孩子都享受着美味的食物,只有自己不能吃。不仅如此,还要面带微笑,做出一副很满足的样子。

随心所欲地享受人生的孩子可以尽情享用美食。只有自己不能随心所欲,在不断地忍耐中做一个"好孩子",结果却还要饿肚子。

不仅如此,周围的人还都认为"好孩子"挨饿理所当然。

5岁成年人就是这样从生到死都不能随心所欲,却还被周围

长不大的成年人

的人认为这种不能随心所欲是理所当然的，同样生而为人，别人就可以理所当然地过正常人的生活，自己却理所当然地不能过正常人的生活。

心存不满的人笑不由衷

人类在婴幼儿时期可以随心所欲地做任何事而不必承担任何责任，人只有在这个时期满足了内心的愿望，之后才能成长为负责任的成年人。满足儿童时期的愿望，换句话说就是"对父母的几乎所有的期待"都得到了满足。

5岁父亲的悲剧，就在于没有满足儿童期的愿望，却要承担成年人的责任。周围的人都认为"你已经是父亲了"，5岁父亲完全无法反驳。因为他们不管从现实、社会还是生理意义上，都是一个真正的父亲。

换个角度来思考，这就像是强迫一个5岁的小孩跑完马拉松全程，周围的人却认为这是理所当然的事情。

5岁成年人的心中充满了对他人的憎恨，周围人却理所当然地要求他们对他人表现出关爱。一个被他人不断伤害的人，周围的人却理所当然地要求他对他人表示感谢。

在关爱中长大的人，认为感谢周围的人是理所当然的。但强迫没有感受过关爱的人去感谢他人是一件很残酷的事。

长不大的成年人

在周围的人看来，他们期待5岁成年人感谢周围的人是非常自然的事情，是符合常理的，但对5岁成年人来说，受到这种期待是非常残酷的。

被感到非常焦虑的父亲和冷若冰霜的母亲养育出来的孩子，他的心灵破败的程度是成长在关爱之中的人完全无法想象的，他的一生甚至用"悲惨"一词都无法完全形容。

对人类来说，最根本的不满源自儿童时期的愿望没能得到满足，而不是没有钱、物价高、没工作之类具体的不满。这些具体的不满并不严重，完全在人类能够忍受的范围之内。

一个人忍耐具体的不满，仍然能够发出由衷的笑容。但如果一个人要忍耐最根本的不满，他就很难笑得出来。

5岁成年人在身为"父亲"或"母亲"、承担社会责任的同时，想要优先满足自己"获得理解和关爱"的愿望，这是不被允许的。

5岁成年人在成为父母之后，唯一的出路就是成为能够包容一切的神，否则5岁成年人根本无法成为合格的父母。

无法成为神的5岁成年人就会成为不负责任的父母，大多数的情况是，他们甚至会向孩子寻求关爱，这对孩子来说完全是一种折磨。这也是约翰·鲍比所说的亲子职责逆转。

我的父亲

自我憎恶导致的悲剧之一,就是丧失爱的能力。丧失爱的能力之后,人也会丧失感受生存意义的能力。

我有5个兄弟。对我的父亲来说,养育6个孩子绝对是非常痛苦的事。为什么他要有这么多孩子呢?

小孩子在说出"想养狗"的时候,从不会考虑养狗的辛苦。他们虽然想养狗,却不想承担责任。我的父亲也是一样,他只是想有孩子,却不想承担责任。换句话说,就是对养孩子没有任何的计划。

养狗会使自己的生活受到约束。你甚至不能有一场说走就走的旅行,因为不能长时间地把狗单独留在家里。日常生活也会受到限制,就连出门散步都要带着狗一起。住的房子也会受到限制,如果自己想要居住的公寓不允许养狗的话,那就只能被迫选择可以养狗的地方。而小孩子从不会考虑这些问题,他们只会因为"想养狗"就要求父母给他购买一只小狗。

长不大的成年人

5岁成年人希望自己的人生总是一帆风顺，自己不会遇到任何困难。他们要孩子的时候也很草率，不管在经济上还是心理上都没有任何准备，毫无计划到令人惊讶的程度。

为了养育孩子，首先要从经济上开始做非常多的准备。因为有了孩子之后会变得非常繁忙，所以心理上也必须做好准备。有了孩子之后夫妇二人就再也不能随心所欲，有钱也不能乱花，人际交往也会受到限制。

我的父亲完全没有考虑过这些问题，就像小孩子说完"想养狗"就立刻养了一条狗一样贸然地养了孩子。他虽然有很多孩子，却完全没有改变自己的生活方式，所以就会感觉非常的辛苦。

养育孩子是幸福的事？

对于极其渴望成功的人来说，家庭生活和养育孩子都是令人痛苦与折磨人的事。因为极其渴望成功的人都有一种精神上的偏执，他们认为，浪费时间与精力在家庭生活和养育孩子上，只会阻碍他们取得成功。

极其渴望成功的人，完全无法从养育孩子上获得喜悦。而追求自我实现的人则在辛苦养育孩子的同时，也能从中感受到幸福。也就是说，同样是养育孩子，对有些人来说是痛苦的事，但对另外一部分人来说则是幸福的事。

不管怎样，养育孩子对我的父亲来说，并不是他希望中的幸福的事，反而是一种痛苦。

或许也有人认为"养育孩子是一种幸福"，但痛苦和幸福因人而异。同样的经历，有的人觉得痛苦，有的人则觉得幸福。幸福与否对人类来说除了亲身的体验之外，还取决于自己的理解和感悟。

认为养育孩子是幸福的事的人，他们也能够从给予中感受到

幸福，他们是拥有爱的能力的人。对于心理成长到这种阶段的人来说，孩子是能够给予自己幸福的存在。

拥有爱的能力的人，认为养育孩子是与生活同样重要的事情。

心理没有成长到这个阶段，一味地渴求被爱的人，只能从养育孩子之中感受到痛苦。因为他们已经丧失了爱的能力，所以养育孩子无法带给他们任何人生意义，只有辛苦。

这样的父母养育出来的孩子也是不幸的，这些孩子的心理很难健康地成长。

因为育儿而陷入焦虑的人非常多，但同样也有很多人因为有了孩子而感受到生命的喜悦。

养育孩子既是幸福，也是不幸。具体是幸福还是不幸，取决于父母的心理是否成长到了相应的阶段。

第三章

5岁成年人自立时的痛苦

不能依赖其他人时就会很辛苦

假设有一名不管什么事都听从上司的吩咐并因此获得心理上的安全感的员工，有一天上司忽然让他做一个项目的负责人，需要他自己来做出决策并承担责任。于是这名员工就会感到非常大的压力，并因此而失去心理上的安全感，失去工作热情，不管什么事情都做不好，最终甚至连公司也不愿意去了。

这名员工之所以会发生这么大的转变，是因为他之前所表现出来的上进心、工作能力、工作热情，全都来自心理上的安全感。当然，这种安全感也并不是真正的安全感，而是表面上的安全感。

尽管只是表面上的安全感，但至少能够避免他产生不安的情绪。只要能够得到权威人士的指导和保护，他就能获得心理上的安全感。

这样的人虽然表面上看起来充满活力，但实际上他们的本质是被动的。外界的某种力量发现了他们被动的本质，这个力量可能是他的家人、上司、公司、宗教团体或者思想团体。

第三章 5岁成年人自立时的痛苦

还有一种和被动态度相似的愿望,那就是希望他人能够照顾自己的愿望。这样的人不会自己主动去做什么事,而是希望别人来为他们做。

"自己主动去做"是一件非常辛苦的事。在一个人已经习惯了依赖和服从,完全没有培养出自主性的情况下,忽然将他放在必须"自己主动去做"的立场上,巨大的压力会将他们的能量消耗殆尽,使他们瞬间失去干一切事情的动力。

人生不可能总是处于被动的状态,总会有必须自己主动战胜困难的时候,在这个时候,5岁成年人就会遭受挫折。

当一个人长大成人之后,就不能再像之前那样随波逐流,别人做什么自己也跟着做什么,别人支持谁自己也跟着支持谁,总有一天必须自己做出决定。

在公司里也一样。有的人在完成别人吩咐的工作时总是充满活力,因为只要按照上司的指示去做就好。但当需要自己承担责任,自己思考、自己行动的时候,就会迅速地失去干劲。

对于习惯了依赖和服从的人来说,让别人决定自己做什么更加轻松,因此他们不管做什么都喜欢和别人一起。如果只有他们自己的话,他们就不知道应该做什么。

结婚后,他们会想办法将决定权交给伴侣。因为他们无法自己做决定,他们"患有"我们常说的选择困难症。

我在大学任教的时候,学生需要自己选择想要学习的科目。

长不大的成年人

一般情况下会有高年级的学长给新生提供建议,但有的新生会直接对学长说"前辈,请您帮我选一个吧",这就是自己无法做出选择的典型表现。

父母是孩子的神奇助手

习惯从依赖与服从中获得心理安全感的人，在独自面对工作时就会因为承受不住压力而遭遇挫折。

或许他们会说"我的工作太难了"，周围的人或许也会认为"那家伙的工作太难了"。但实际上真是这样吗？工作有难到无法完成的程度吗？

我认为在绝大多数情况下，将我们逼上绝路的并不是"无论如何都难以解决"的问题，而是童年时期积累下来的没有解决的心理课题。正因为在童年时期应该解决的心理课题没有解决，所以在长大成人之后才会遭遇挫折。不仅在工作上，在人际关系和婚姻生活上也是如此。

艾瑞克·弗洛姆曾经提出了"神奇助手"的概念，他这样解释道："神奇助手是守护你、帮助你、激发你的潜能、永远陪伴着你、绝不离开你的帮助者。"

弗洛姆认为，希望拥有神奇助手的人，从某种意义上来说属

于渴求权威主义的人格。这样的人无法自己做出决定,不能承担责任,也不会自己主动采取行动。所以他们期待神奇助手来保护自己,照顾自己,替自己承担责任。这样的人也是能量"很快就会耗竭的人"。

当然,神奇助手并不是原本就存在的。当周围有人发挥出了神奇助手的作用时,他们就会对这个人产生心理上的依赖。

这种依赖他人的生活方式在需要自己主动采取行动时就会出现问题,使他们产生难以抑制的不安、绝望,从而失去所有的干劲。

事实上,父母就是孩子的神奇助手。父母会努力培养孩子自立,这样的父母养育出来的孩子才会拥有生活的勇气,他们认为自己不管遇到怎样的问题都能解决,并对人生充满自信。

是否拥有这种自信,将对一个人今后的人生造成决定性的影响。如果父母没有履行神奇助手的职责,那么孩子就会一生都不断地寻求可以依赖的神奇助手。因为除了父母之外,其他人不可能成为神奇助手。毕竟父母会让孩子自立,而其他人则做不到这最重要的一点。

依赖公司、依赖上司、依赖恋人、依赖宗教、依赖绝不会再保护自己的父母。

我认识一名男性,虽然他已经62岁了,却仍然在寻求父亲的庇护。他从50岁开始就一直照顾父亲的情人,担当父亲和父亲情人之间的联络员。他希望通过这种方式来获得父亲的认可,与此同时他也在不断地寻求母亲的爱。

或许他的余生都会一直在这种求而不得的悲剧之中度过吧。

如何自由地生活

导致生命耗竭的原因,人们往往认为是过于认真,或者选错了工作等。确实,弗罗伊登贝格尔在其著作《职业耗竭》之中也提到选择错误的职业是导致耗竭出现的原因之一,但我认为这并不是全部的原因。许多人在工作中生命被耗竭,大多出现在必须自己承担责任去做某件事,导致无法承受巨大压力的时候。当他们处于这种状态时,每一天都活得非常辛苦,但他们仍然顽强地努力坚持,直到生命被耗竭为止。

"自己承担责任",意味着失去他人的保护。一个习惯了依赖和服从他人的人,当不再能依赖他人的保护,必须凭借自己的力量完成某件事的时候,他们承受的压力之大完全超乎我们的想象。

完全按照他人的命令行事,或许身体上会感到很辛苦,但心理上很轻松。小孩子大多处于被动服从的状态,而长大成人之后则需要从被动的角色转变为主动的角色。

这就是考验一个人心理成熟度的时候。

第三章 5岁成年人自立时的痛苦

服从他人的命令,满足他人的要求,这些行动不会给心理造成任何压力,有的人会为了得到周围人的认可而采取这样的行动。

获得他人的认可就是他们行动的动机。当拥有明确动机的时候,他们就能从中获得行动的能量。当他们失去"获得他人认可"的动机,就会不知道自己为何而行动。这导致他们无法面对困难,难以坚持下去,最终在巨大的心理压力之下生命被耗竭。

那么,怎样才能不必为了获得他人的认可,自由地生活呢?我认为这需要自己心中有行动的欲望。即便周围的人说"不想做的话放弃也可以",但自己也有"即便如此我仍然想坚持下去"的愿望。

依赖他人的同时又想得到他人的尊重

土居健郎在《"撒娇"的构造》一书中描写了这样一名患者：

"人类在儿童时期依赖父母，长大成人之后依靠自己。这应该是理所当然的事情，但我似乎出现了一些问题。我想要依赖他人，却没有人让我依赖。大约有半年的时间，我一直渴望要是有个像母亲一样的人能让我依赖就好了。"

通常情况下，母亲的替代者会陆续出现。朋友、前辈、上司、配偶……问题在于找不到母亲的替代者的时候要怎么做。

这位患者希望得到一个能够辅佐自己的人。他希望在依赖他人的同时得到他人的尊重。

简单地说，就是自己什么也不做，周围的人就会把事情全都处理好，但功劳都是他自己的，当取得成就时，他会得到赞赏。

他唯一需要做的，就是吩咐其他人"去做"，甚至不需要承担任何责任。

当然，这种好事在现实世界中是不存在的。大多生命被耗竭的人都在自己需要承担责任时遭遇了挫折。或许他们的身体也很疲劳，但我认为真正使他们的生命被耗竭的原因并非身体上的疲劳，而是需要自己承担责任而带来的巨大心理压力。

缺乏积极性的人会在必须自己承担责任时感受到巨大的压力，并且因为不知道应该怎么做才好而产生不安。这种不安会使其生活得非常辛苦，而这种辛苦会耗尽他所有的能量。

挫折并不会降低你的价值

人为了生存下去,必须在每个阶段解决心理上的相应课题。如果当时没有解决,今后必然会变本加厉地带来麻烦。

如果自己青春期的心理课题没有解决就结婚生子的话,那么自己的儿子可能会走上歪路。青春期的心理课题包括自我的人格形成,也就是切实的自我认知。如果在青春期忽视了对自我的人格形成的培养,而是将精力都放在升学考试或者游戏上,这会使自己偏离正确的人生道路。

在这个人生阶段没有解决的课题,今后会变本加厉地给你的人生带来麻烦。在当今社会,类似这样的情况十分常见。

所以,当无可避免的挫折来临时,我们只能做好还债的准备,因为这种挫折是完全无法避免的。只要活着,它们就会不断地找上门来,但绝对不能因为这些挫折而认为"自己是个没用的人"。我们是努力生活的人,不管遇到什么样的困难险阻,都必须相信自己。

挫折并不会降低你的价值。

第三章　5岁成年人自立时的痛苦

即便你很认真、很努力地生活，儿子也可能吸毒成瘾。在这个时候你不要责备孩子，也不要责备自己，但必须承认你一直以为很完美的家庭出现了问题。然后就是面对问题，解决问题。

人的感情其实非常脆弱，所以不要因为出现问题而责备任何人。

我再强调一遍，挫折并不会降低你的价值，人只要活着就必然会遇到各种各样的麻烦。

为什么会出现"家里蹲"的现象

绝大多数的人都只关注那些能够看得见的问题,所以无法理解5岁成年人的心理。

一个刚学会走路的婴儿,站起来独自行走两三步就已经是极限了,让这样的孩子自己向前走10米是绝对不可能的。

如今的社会却要求这样的婴儿跑马拉松,婴儿根本做不到,社会也感觉很失望,结果就出现了家里蹲的年轻人以及育儿焦虑的父母。如今的社会对母亲的要求越来越高,很多事情都是母亲完全做不到的。与此同时,人们心理年龄和生理年龄之间的差异也越来越大。

在现实世界中,因为有法律和道德的约束,弱肉强食是不被允许的。但在心理的世界中,弱肉强食却是常态。所以即便5岁成年人竭尽全力,他的努力和诚意也完全得不到社会的认可。

在现实世界中,没有人会责备一个蹒跚学步的孩子走得慢。但在心理世界中,责备5岁成年人的情况却是司空见惯。在心理上还是蹒跚学步阶段的成年人,即便拼命地努力,他的努力也得不到认可，仍然会被看作是懒惰的人、没用的人、无情的人。所以，5岁成年人"活得非常辛苦"。

如果别人能够发现自己隐藏的优点，那一定很令人高兴。但5岁成年人从没体验过这样的喜悦。

心理截然不同的两名营业人员

5岁成年人的最大感受就是"生活非常辛苦",不管在任何生活场景中都是如此。

有两名营业人员在拜访同一家客户企业时经历了同样的体验。然后,两个人搭乘同一辆车前往下一家企业。因为路上很拥堵,所以他们这一路花了两个小时的时间。

两个人一路上的经历也是完全相同的。道路很拥堵,不过天气很晴朗,但两人心中的感受截然不同。

其中一个人是压抑且多疑的性格,因为感觉自己在前一家企业的表现不够好而唉声叹气、懊恼不已,这种挫败感一直在他的心里挥之不去。

另一个人则是乐观开朗的性格,他完全没有考虑之前的成功或是失败,而是欣赏晴朗的天空,期待晚上的约会,感叹自己的好运气。

如果这个乐观开朗的人得知另一个人心中的烦恼,一定会惊讶地说:"什么,这一路上你竟然一直在想之前的事情吗?"并会奇怪地问:"为什么呢?"然后心里想:"这样不累吗?"

在高速公路上开了一个小时之后,电子路牌显示前方道路依然拥堵,于是两人需要决定是继续在高速公路上前进,还是从高速公路上下来。两人经过商谈之后决定从高速公路上下来。就这样又继续行驶了一小时之后,两人的内心会怎么想呢?

其中一个人会想"或许应该继续留在高速公路上,这下来之后的道路也很拥堵",并且整整一个小时都在思考这件事,为从高速公路上下来感到后悔不已。

这样的人,完全没有注意到道路两旁的景色,没有享受到旅途的乐趣,心里只想着"如果走另外一条路就好了"。

而另一个人则在决定前进的道路之后就开始享受道路两旁的景色,完全把另一条道路的事情忘得一干二净。这个人不管选择哪条道路都会享受生活,颇有种"既来之,则安之"的人生态度。

选择这条道路真是太好了

实际上，从高速公路上下来之后后悔的人，即便继续留在高速公路上也一样会后悔。他们从没有过"选择这条道路真是太好了"的想法，而且他们还认为自己的人生索然无味。尽管他们自己也知道一味地后悔"应该这样做"，执念"如果那样做就好了"是非常愚蠢的行为，但实际上他们从没有过为自己的选择而欢喜的体验。

一小时之后，两个人消耗的能量是完全不同的。烦恼和后悔的人会因为精神紧张而感到十分疲惫，而享受沿途风景的人则能从中获取能量，他不但不会感到疲惫，反而精神十足。因此，两人这一小时的价值也完全不同，感受到的幸福感也完全不同。

当然，他们对人生的态度也截然不同。一个人对拥堵的道路只有抱怨，因为自己选择了错误的道路而感到愤怒，对生活充满了牢骚和不满。

对这样的人来说，生活本身就是烦恼。每当他采取行动时，烦恼就会随之增加。买东西会因为钱变少了而抱怨，不买则会因

第三章 5岁成年人自立时的痛苦

为没有那样东西而抱怨。

乐观的人在听到这样的抱怨时,肯定会认为"这个人总是喜欢抱怨",并且完全不能理解他为什么这么喜欢抱怨。

从大脑活动的结果来看,这两个人生活在完全不同的世界之中。因为当其中一个人完全无法理解另一个人的想法和行动时,这两个人就已经不在同一个世界之中了。

我们在看到猪的时候,肯定不会奇怪地想"为什么猪总是哼哼",看到小狗的时候也肯定不会奇怪地想"为什么小狗总是摇尾巴"。

这是因为我们知道自己和小猪、小狗本来就生活在不同的世界之中。心理是大脑活动的反应,不同的思考方式意味着心理处于完全不同的世界。

到了夜晚的时候,那个烦恼了一天的营业人员会认为"今天又是辛苦的一天",并且自怨自艾地想"为什么我每天都活得这么辛苦"。

5岁成年人和心理健康的成年人,每天的经历都是相同的,他们都过着表面上看起来完全相同的生活。

假设你必须决定从某一天开始做某件事,那么不管你决定哪一天开始,那一天都是黄道吉日。并不是你选择了黄道吉日,而是你决定的那一天就是黄道吉日,你坚信"这一天最好"。但5岁成年人就完全做不到这一点,所以他们总是感觉很辛苦。

当然，前面提到的两名营业人员之所以在心理上存在如此巨大的差异，与他们性格上的差异也有关系。所以当感到烦恼时，不要只顾着寻找令自己烦恼的客观原因，还应该思考是不是和自己的性格也有关系。除了性格之外，生活方式以及生活环境上的差异也是导致心理出现差异的原因。

不要依赖他人，自己做决定

像这样生活非常辛苦的5岁成人营业人员，不管到什么时候都无法自己做出选择。

哪怕做出了错误的选择，也要坚持自己做决定，这样才能培养出判断力和决策力。生活很辛苦的5岁营业人员一直依赖他人替自己做决策，这样做可能会轻松一时，但后患无穷。

在人生的某个时期，即便做出错误的选择，也好过不做选择。因为即便是错误的选择，也能锻炼自己的判断力。

这两名营业人员在结束了第二家企业的拜访之后，来到同一家咖啡馆。店员问5岁营业人员"想要冰淇淋还是水果冻"。结果5岁营业员就陷入了迷茫，他不知道应该选择哪一个，最终点了店员推荐的那个。然后晚上就因为吃坏了肚子而一晚没睡。

即便如此，5岁营业人员却并没有找出真正的原因，只是一味地后悔"当时应该吃另一个的"。甚至因为不安而决定"以后再也不吃冰激凌了"或者"再也不吃水果冻了"。

但是，如果他当时能够自己做出选择，就可以正视最终的结果，并且从中获得成长。

所以到了夜晚的时候，5岁营业人员又会认为"今天又是辛苦的一天"，并且自怨自艾地想"为什么我每天都活得这么辛苦"。

而另一个营业人员或许是带着"今天又是快乐的一天"的幸福感进入梦乡。

他们两个人在一天之中所做的事情和经历几乎完全相同，但他们之间的不同点除了"是否依赖他人"之外，还有性格上的差异，或许在成长环境上也有很大的差异。最终的结果就是两人过着截然不同的人生。

5岁成年人对自己的人生完全没有计划，也从没有考虑过自己现在做的事情在10年后会带来怎样的结果。因为他们一直都在随波逐流，所以才生活得非常辛苦。

5岁成年人要想获得幸福，首先要做的就是仔细地思考自己现在做的事情在10年后会带来怎样的结果。

即便是非常诱人的美味蛋糕，如果认为里面有毒就绝对不能吃，这样今后才能过上幸福的人生。你现在的不幸，是因为过去"吃了有毒的食物"。

第四章

对母亲的依赖

追求安逸是人的天性

在本章中，我将和大家一起思考为什么会出现"5岁成年人"这一现象。为什么有的人在人生的许多时期都没能解决应该解决的课题？为什么有的人能够在青春期形成自己的人格，在中老年时期能够对自己充满自信，而有的人则成了5岁成年人？

解答上述问题的关键是"'近亲相奸'的愿望"。

被母亲紧紧地抱在怀里，孩子就会感到很安全。但绝大多数的母亲都希望孩子能够自立，所以不会总是将孩子抱在怀里，孩子却希望能够一直留在母亲的怀中，否则就会感到很没有安全感。

依依不舍地抓住母亲不让母亲离开的孩子的能量非常强大。

"弗洛伊德认为，幼儿期对母亲的依恋——一般来说这种感情并不会完全消散，它蕴含着巨大的能量，因此在男女关系之中，男性的能力普遍较弱。也就是说，男性的独立性相对较差，存在于他们潜意识之中的'近亲相奸'的愿望与他们实际交往的目标之间存在矛盾，这种心理上的矛盾会导致男性出现

第四章 对母亲的依赖

许多神经症的症状"[1]。

弗洛伊德发现了孩子依赖母亲时强大的能量,如果孩子没能从母亲那里得到安逸的满足,就会一直抓着母亲不放。这种对母亲的过度依恋会损害男孩子成年后身为男性的能力。

"幼儿期对母亲的爱",是对母亲抚摸的渴望。追求安逸是人的天性,为了追求安逸,人类能够迸发出巨大的能量,并愿意为此做任何事。如果安逸的需求得不到满足,人类就会不断地以各种方式继续追求,有时会采用令人难以理解的方式,比如对他人恶语相向。

我就曾经写过一份特别长的烦恼笔记。一般人肯定写不了那么长,就连我自己都感到很惊讶,我怎么会有如此强大的能量写这么多的字。同时我也感到很奇怪,既然我有这么强大的能量,为什么不将其用在积极地生活上呢?为什么不将其用在解决问题上呢?

将烦恼长篇累牍地记录下来的人,他们的人生态度也十分消极,总是将自己囚禁在过去之中。

他们为什么不能将这种能量用在积极地生活上呢?因为这种强大的能量正是"幼儿期对母亲的依恋"。他们在幼儿期并没有在与母亲的关系之中得到满足,也就是没有在安逸中得到满足,

---

1　[美]艾瑞克·弗洛姆,《人心——它的善恶天性》,1964年。

所以他们总是在寻求安逸。

这种用于寻求安逸的能量，无法被用在积极地生活上。因为"幼儿对母亲的依恋"是非常任性的，即便母亲已经奄奄一息，婴儿仍然会紧紧地抓住母亲的乳房。

寻求安逸的人，根本不会在意目标的死活，只会紧紧地抓住对方。被这种巨大的能量抓住的人也会陷入严重的焦虑之中。

我就曾经遇到过这种陷入安逸烦恼的人，并且亲眼见证了他们那任性且巨大的能量。大家可能在电视新闻或报纸上看到过一些对寻求安逸的人的正面评价，但那些都是没有真正与陷入安逸烦恼的人接触过的虚伪知识分子胡编乱造出来的东西。真正与陷入安逸烦恼的人接触过的话，这些知识分子恐怕写不出任何正面的评价。

每当有新兴的宗教团体引发各种各样的社会问题时，新闻媒体就总是替他们开脱和狡辩。我看到类似的报道都会感到难以置信，这些媒体人肯定和他们报道的对象没有过真正的接触。不仅如此，他们对人性的理解也实在是过于浅薄。

他们说，首先应该给那些加入宗教团体的人准备一个回归社会的场所。但实际上就算真有这样的场所，那些人也不会就这么简单地回归社会。因为如果他们能够过正常的生活，就不会去加入那些奇怪的宗教团体。将这些人推向宗教团体的原因，远比那些媒体人以为的要复杂得多。

第四章　对母亲的依赖

陷入安逸烦恼的人，会从他们遇到的每一个人身上寻求母爱。但因为没有人能够替代母亲，所以他们的希望总是破灭。但如果他们遇到了某个奇怪宗教团体的教主，他们就会像落水的人抓住救命的稻草一样死死地抓住这个教主不放。这种能量正如弗洛伊德所说，非常强大，同时也导致"在男女关系之中，男性的能力普遍较弱"。

超乎常规地渴求母爱

1997年3月,在美国圣迭戈郊外的兰乔圣菲高级住宅区发生了一起集体自杀事件。39名住在一起的男女,包括他们追随的教主阿普尔怀特一起自杀。他们对教主的爱就像是"幼儿对母亲的依恋",这种爱甚至让他们愿意和教主一起去死。

弗洛姆对"近亲相奸"愿望的理解与弗洛伊德有所不同。他认为"近亲相奸"的冲动是"男女之间最基本的热情之一,其中含有人类的防御本能、自恋满足、责任、自由、下意识地逃脱危险的渴望、对无条件的爱的渴求等。这些欲求存在于幼儿的内心之中,并且由母亲来满足"。

"近亲相奸"的冲动,换句话说就是"对母爱的渴望",但要想在现实社会之中寻求母亲的替代者非常困难。

事实上,不只幼儿渴求安全感,许多成年人也渴望被抚摸和追求安全感。不管是思想也好还是信仰也罢,偏离了正轨的人都在追求自己能够无条件信赖的东西。这也是他们"近亲相奸"的愿望。

第四章 对母亲的依赖

"与其说他们对能够为自己提供安全感、保护以及爱情的力量的追求是一种疯狂,不如说他们是在追求人类最自然的情感。"

"能够提供安全感、保护以及爱情的力量"就是"母爱"或者说能够提供这种力量的人就是"母亲"。如果一个人能够自己建立起安全感,那么他就不需要外界的力量给自己提供安全的场所,但很多人做不到这一点。

即便在枪击案频发、危机四伏的美国,也有戒备森严的"安全住宅区"。人们追求的正是这样安全的场所,每个人都希望自己处于安全的空间之中。

即便无法凭借自己的判断力生存下去,人们也希望拥有一个安全的场所,希望能够有人为自己提供这样一个场所。毕竟即便面前摆着美味的蛋糕,但如果蛋糕里面有毒的话也没办法吃。

"万一,人类——不管男性还是女性,穷其一生能够找到'母爱',那么他就能从这一生背负的悲剧之中解脱出来。人类竟然如此难以置信地追逐着幻影(Fata Morgana),实在是令人感到惊讶"。

教会我们生命喜悦的母爱

母爱究竟是什么？怎样才能"满足对母爱的渴望"？

有一种被称为"肛门型"的性格。这种性格的人大多"肛门欲望"没有得到满足。那么，什么是肛门欲望得到满足呢？根据胡伯图斯·泰伦巴赫的解释，肛门欲望在得到升华之后，就会使人成为抑郁讨好型人格，但如果没有得到升华则会使人成为躁狂抑郁型人格。

在给婴儿换尿布的时候，母亲肯定是带着给孩子擦干净屁股，且怀着让孩子感觉舒适的心情来做这件事。这种关爱孩子的行为就是母爱的体现。但如果母亲只是带着"把脏东西处理干净"的态度来做这件事，那么婴儿就无法从中感受到母爱。即便母亲将脏东西都处理干净了，婴儿也无法从中得到满足。

婴儿只有在屁股被擦拭干净，并且沉浸在"好舒服啊"的解放感之中而获得满足时才能感受到母爱。

通过肛门感受到这样的快感，婴儿就能获得满足，从而摆脱肛门型性格，并且用身体记住生命的喜悦。

第四章 对母亲的依赖

心理健康的母亲在给孩子哺乳时肯定希望孩子能吃得满足。这样的母亲在哺乳时会面带微笑，用温柔的语气与孩子说话，通过哺乳使孩子获得安逸的享受，这种行为也是母爱的体现。

在孩子排便后，母亲会带着尽快把孩子擦干净让孩子感觉舒适的心情来为孩子做清理。洗澡时，也会带着让孩子感觉更舒服的心情来给孩子洗澡。

母亲做的这一切，都是为了让孩子感到舒适，而孩子也能从中获得满足，这样就形成了母亲与孩子之间的交流，也能够满足孩子对母爱的渴望。哈里·斯塔克·沙利文将之称为"融洽"，这对孩子的成长至关重要。

正因为母亲与孩子的关系建立在这样的基础之上，所以当孩子说"我想要这个"，而母亲说"不行"的时候，孩子才不会对母亲产生憎恨的情绪。如果没有这层关系，那么母亲说"不行"就会遭到孩子的憎恨。

当孩子与母亲之间建立起信赖关系之后，即便自己想要做的事情被母亲阻止，孩子也不会感到愤怒。因为没有愤怒的情绪，所以孩子就能够控制自己。也就是说，孩子与母亲之间建立起信赖关系有助于培养孩子的自控能力。

当然这只是非常理想的状态，在现实的家庭生活当中往往事情不会进展的这么顺利。比如父亲在公司里工作不顺利，回到家里发脾气，喝了点酒之后对母亲大打出手，在这样的情况下母亲根本无法全身心地育儿。

母亲将大量的能量消耗在调整与父亲之间的关系上，结果就没有足够的精力来照顾孩子。在家庭生活之中，夫妻关系、婆媳关系等都可能对育儿造成阻碍，这也导致许多孩子没能获得让他们满足的母爱。

于是当孩子成长到某个阶段时，心理的成长就会停止，变成永远也长不大的"彼得·潘"。

"好吃吗?""舒服吗?"

假设有一个母亲,在给孩子换尿布的时候完全是例行公事,就像是在处理脏东西一样,把哺乳和给孩子准备辅食也只看作是普通的喂奶和做饭。对这样的母亲来说,给孩子洗澡也是例行公事,就和洗萝卜没什么区别。

她不会对孩子说"好吃吗?""舒服吗?"之类的话。因为只是例行公事,所以不会有情绪上的变化。这样的母亲即便想要养育出"性格开朗"的孩子,恐怕也是不可能的。她的孩子长大之后很有可能成为5岁成年人。

之所以会出现这样的母亲,有可能是因为母亲本身心理存在问题,也有可能是受育儿环境的影响。比如母亲每天都要工作到很晚,身心俱疲,完全没有多余的精力来照顾孩子。在这种时候,孩子的成长就会出现问题。

面对一边给自己洗澡一边问"舒服吗?"的母亲,和洗澡时一言不发的母亲,孩子的心情是完全不同的。看到母亲脸上的笑

容,孩子也会感到安心。当母亲问"舒服吗?"的时候,孩子也会感到"舒服"。

喂孩子吃饭的时候问"好吃吗?"也一样。让孩子通过语气来掌握日常用语的意义,这才是用心的教育。但有的母亲在给孩子喂饭时就像给动物喂饲料一样,甚至还催促"快点吃"。这样的孩子就很难有"好吃"的体验,他们往往不愿意吃饭。

与之相对的,也有母亲在孩子吃咖喱饭时会问:"咖喱饭好不好吃?"这样就能使孩子做出"咖喱饭好吃"的判断。

没有爱心的母亲,就不能通过语言中的感情来教会孩子更丰富的情感。无法通过食物来教会孩子快乐的感觉,孩子也无法亲身体验生命的喜悦。

比如母亲在给孩子吃很热的食物时会说,"先吹一吹等凉了再吃,因为很热"。洗澡的时候也一样,会提醒孩子注意水的温度。正因为有母亲这样的保护,孩子才会感到满足,成为一个积极乐观的人。

但有的母亲疏忽了对孩子的保护,让孩子贸然地吃下滚烫的食物。这个时候,孩子会有怎样的感受呢?肯定会感觉这个世界"充满了危险"吧。

像这样对母爱的渴望没能得到满足的孩子,心理就会一直停留在幼儿阶段,即便他们在长大成人之后能够取得很高的社

第四章 对母亲的依赖

会地位,内心深处也一直在哭喊着"好寂寞"。所以他们会像强迫症一样过度地追求金钱和权力,似乎自己的欲望永远也无法满足。

体验过乐园的孩子是幸福的

孩子不小心碰到烧热的水壶被烫伤了手，一旁的母亲却视若无睹，没有采取任何措施。在这种情况下，孩子就会感觉身边的世界充满了危险，并且开始思考保护自己的方法。这样的孩子长大后往往有很强的执念，心中也总是存有不满。

孩子直到长大成人，仍然记得自己被烫伤的经历，母亲却将这件事忘得一干二净。当孩子提起这件事的时候，母亲不但表示完全不记得，而且对孩子的话也毫无兴趣。

吃年糕的时候咬了一大口结果被噎住了，洗澡的时候没试水温结果被烫到了。经历过这些的孩子会认为自己的周围充满危险，并因此总是小心翼翼，成为一个非常谨慎的人。

平时总是表现得小心翼翼，又会被父亲说是"胆小鬼"。在这样的成长环境之中，"男女之间最基本的热情之一"——"近亲相奸"的愿望根本无法得到满足。

对母爱的渴望是人最基本的愿望。正如弗洛姆所说，"这些欲求存在于幼儿的内心之中,并且由母亲来满足",获得了满足的孩子,毫无疑问是幸福的。

但也有很多孩子没能从母亲那里得到满足,所以他们总是有强烈的"近亲相奸"的冲动,并因此而焦虑和烦恼。

弗洛姆形容这种状况是"他们一直找不到自己的乐园",或许这些人从来就没有乐园。这样的人总是感到焦虑、绝望和痛苦,脸上的表情也总是死气沉沉,这就是5岁成年人。

被心理负担折磨的人

"他们知道自己永远也找不到乐园，知道自己的人生背负着沉重的负担，知道无论任何事情都只能靠自己的力量，只有自己才能给自己力量和勇气。"

背负着沉重的负担的人，就是对母爱的渴望没能得到满足的人。这样的人总是带有很强的欲望，一味地索取而不肯给予。

这样的人在日常生活中，心理上也会承受沉重的负担。希望别人为自己工作的人，当为他人工作时就会产生巨大的心理压力；希望别人关注自己的人，当关注他人时就会产生巨大的心理压力；希望别人照顾自己的人，当照顾他人时就会产生巨大的心理压力。

对母爱的渴望没能得到满足的人，即便是在普通的日常生活中也会感到巨大的压力。因为他们在心理没有成熟的状态下被迫像成年人一样生活，这就是5岁成年人。让5岁的孩子和25岁的成年人一起赛跑，孩子的身体一定会不堪重负，这种情

第四章 对母亲的依赖

况在心理上也一样，让5岁成年人和25岁成年人承担一样的责任，5岁成年人一定会不堪重负。

让心理上只有5岁的人和成年人过一样的生活，心理只有5岁的人就会承受沉重的负担。在需要周围的人来帮助自己的时候，自己却不得不反过来去帮助他人，这样的日常生活必然会使人在心理上产生巨大的压力，感觉活得非常辛苦。

假设一个8岁的孩子每天早晨天还没亮就要起床、打扫卫生，然后去学校上学，放学后还要去附近的工厂打工，晚上还要做兼职到深夜，与此同时还要照顾年幼的弟弟，代替整天只知道喝酒的父亲支撑整个家庭。

街坊邻居对这个孩子会有怎样的评价呢？一定会称赞他"很了不起"吧。但假设他这样的生活持续了十年，然后为了供弟弟上大学又继续赚钱。当别的孩子都在无忧无虑地玩耍时，他却在努力地工作，完全没有享受过童年的快乐。

相信任何一个正常的人都会同情地说"真是好辛苦"吧。5岁成年人的人生就是这样辛苦，甚至比这更加辛苦。

不管身体年龄是20岁、30岁还是50岁，5岁成年人的心理年龄永远都是5岁。

目的明确的话就能承受负担

即便是同样的生活,有的人会感到是负担,而有的人则不会。既然能依赖的只有自己的力量,那么只要自己有力量,就不会感到负担太重。但对于自己缺乏力量的人来说,生活的负担就会显得很重。比如有的人对于和陌生人见面这件事就会感到很有心理负担,而有的人则很期待与陌生人见面。

拥有明确人生目的的人,就拥有承受负担的力量。所以,那些拥有明确人生目的的人,即便表面上看起来"生活负担很重",但实际上他们仍然感觉非常满足。也就是说,找到人生目的是拯救自己人生的关键。

5岁成年人并没有明确的人生目的。

约翰·鲍比在其著作中说过这样一段话:"一般情况下,这个孩子都会表现得适应性很强、活泼好动、平易近人,但如果他依恋的人出现在旁边的时候,这个孩子就会变得很任性。他会一直赖在依恋的人身边,显示出强烈的独占欲,并且经常提出无理

第四章　对母亲的依赖

的要求"[1]。

简单地说，就是当依恋的人不在身边的时候是一个好孩子，但当依恋的人出现时则会变成任性的孩子。

任性的孩子，意味着需要他人对其付出更多的关爱。而缺乏关爱的孩子大多显得很懂事，因为他们没有人可以依恋。

因此那些所谓的"好孩子"，往往内心比较冷酷。尽管他们表面上看起来很友善，但内心深处带着憎恨，而且他们对伤害他人也不会产生任何的罪恶感。

这样的人一旦长大成人并在社会上取得成功之后，周围的人就会成为他的依恋对象，于是他会向周围的人不断地提出无理的要求，变得傲慢、自私、随心所欲。

---

[1] ［美］约翰·鲍比，《分离：焦虑与愤怒》，1973 年。

亲子职责逆转之时

根据前文我们可知,好孩子没有依恋的对象。父母对他来说是陌生人,所以他才会成为好孩子。好孩子没有属于自己的家,也没有自己的目的,只是一味地渴求关爱。

在沙坑里玩的时候,依赖心理比较强的孩子即便没有任何目的也会想要使用别人的工具。如果遭到其他孩子的拒绝,他们就会开始胡搅蛮缠、无理取闹,接连不断地找其他孩子的麻烦。

这样的孩子其实是通过无理取闹的方式来尝试消除自己内心之中的不安。因为他们没有属于自己的空间,所以才会找别人的麻烦。他们并不是想要其他孩子的工具,而是不知道应该如何与他人相处。

一旦事情不合心意,他们就会开始大声地哭泣。这样的孩子完全没有独立生活的能力。

在沙坑里带着自己的目的玩耍的孩子,当有人呼唤他们的时候,他们会立刻做出回答。而没有目的的孩子则会显得十分茫然,即便有人叫他们,他们也听不到。

第四章 对母亲的依赖

对于对母爱的渴望得到满足的人来说，不找其他人的麻烦是很正常的事，而且他们也根本不想去找别人的麻烦。对于渴望但缺乏爱的人来说却非常辛苦，他们必须拼命地控制自己不去找他人的麻烦。

同样的生活方式，对有的人来说只是非常自然且轻松的生活，对有的人来说却是必须拼命忍耐且非常辛苦的生活。

当"一般情况下表现的适应性很强、活泼好动、平易近人"的角色是父亲，而他依恋的对象是孩子的时候，会发生什么呢？答案是"亲子职责的逆转"。

父亲在外面的时候非常独立而且平易近人，但回到家之后对孩子非常依恋，显示出强烈的独占欲，一刻也不愿离开孩子，并且经常对孩子提出无理的要求。这是在5岁成年人的家庭之中很常见的现象。

这种5岁父亲，就像漫无目的地在沙坑里玩耍的孩子一样。他只是在找孩子的麻烦，而没有任何目的。被招惹的孩子也没目的，所以他只会顺从父亲。

5岁父亲提出的要求有的非常简单而有的则非常困难，孩子因为年纪还小，所以即便面对非常困难的要求也不知道应该如何拒绝。5岁父亲会提出越来越难的要求，不断地测试孩子的极限，而其他家庭成员则对孩子遭受的虐待视而不见。

在这样的环境之中长大的孩子，也会成为5岁成年人。亲子

长不大的成年人

职责逆转对孩子来说，不只是父母不存在那么简单，而是他还要肩负起照顾父母的重任。孩子的心理成长值并不是归零，而是负数。等他们长大了，对他们来说，正常的成年人生活都会对心理造成极大的负担。

满足了幼儿期对母爱渴望的人，完全无法理解5岁成年人的心理，甚至会觉得他们的这种"无病呻吟"非常可笑。

所以，对母爱的渴望得到满足的人看到烦恼的5岁成年人，会认为他们将烦恼当成乐趣。不理解他们为什么过着"如此幸福的生活"却还要抱怨"辛苦、很辛苦"。

即便在同一家公司工作，组建了同样的家庭，养育同样的孩子，但对母爱的渴望得到满足的人和没有得到满足的人，感受到的负担可以说是天差地别，简直就像是一个在天堂、一个在地狱一样。

5岁成年人就是对母爱的渴望没有得到满足的人，虽然他们的社会属性迫使他们不得不去公司上班，但实际上他们的心理年龄只适合去幼儿园。

一个应该去幼儿园的孩子却被迫去公司上班，他会感到工作很辛苦。5岁成年人认为工作"辛苦"实在是再自然不过的事，毕竟职场并不是沙坑。

5岁成年人本应该在沙坑里玩过家家的游戏，扮演爸爸或者妈妈的角色，身为成年人却不得不作为真正的父母承担起家庭的责任。对他们来说，家庭完全是一种负担。

第四章 对母亲的依赖

他们在心理上还是需要父母照顾的孩子，但在社会层面不得不照顾自己的孩子。

结果就是虽然他们应该养育孩子，实际上他们却将孩子当成了自己的保姆，要求孩子照顾自己。这就是"亲子职责逆转"。于是，他们的孩子就会因此而极度焦虑，最终也成为一名5岁成年人。

"汉普斯特幼儿园改革养育方法，让每个保姆照顾特定的幼儿群体，……托尼（3岁半）不允许一个叫梅丽的保姆照顾其他幼儿。吉姆（2岁零3个月）在照顾自己的保姆离开房间时就会大哭。夏莉（4岁）则会在照顾自己的保姆梅丽奥有事不在的时候陷入非常严重的抑郁状态。"

当孩子对特定的保姆产生越来越强的独占欲望时，他们心中就很容易产生不满。当这个保姆对其他孩子表现出关心时，这个孩子产生出强烈的嫉妒之情，就说明他已经对保姆产生了依恋。

而亲子职责逆转，则是父母对孩子产生依恋。父母企图独占孩子，一旦孩子对父母之外的人表现出关心的态度，父母就会产生强烈的嫉妒之情。也就是说，一旦孩子表现出与家庭相比更喜欢学校，与和父母在一起相比更喜欢和朋友在一起，父母就会非常嫉妒。

当然，父母的嫉妒之情并不会直接地表现出来。他们会找各种各样的理由，比如"不关心父母的孩子是坏孩子""做那样的事情是错误的"之类，将孩子彻底地绑在自己的身边。

这种行为会严重阻碍孩子的心理成长，使孩子难以自立。而且一旦孩子做出想要自立的尝试，父母就会疯狂地冲出来阻止。

虽然有上述这样疯狂的父母，但也有帮助孩子自立的父母，而生活在这两种不同家庭之中的孩子，成长环境可以说是一个在天堂、一个在地狱。即便如此，当他们长大成人之后会被要求承担相同的社会责任。于是有的人在心理上就会出现严重的问题，这就是5岁成年人。

育儿的责任是过于沉重的负担?

对于没有享受过母爱就长大成人的人来说,与其生理年龄相符的社会责任就是过于沉重的负担。

享受母爱能够使人的心理得到成长。关于心理的成长,弗洛姆的定义是"从绝对的自恋进化到客观理性与关爱他人"。

如果一个人的心理没有成长到一定阶段,就被迫承担起社会的责任,则是一件非常痛苦的事情。从中学生的家庭暴力到成年人的抑郁症,我认为当今社会育儿失败的主要原因都在于此。生了孩子之后,养育孩子就是父母的责任。但对有些父母来说,养育孩子却是一种沉重的负担。

英国的儿童分析学家梅兰妮·克莱因指出:"没有接受过母乳喂养的婴儿,因为对母亲能够满足自己一切愿望的美好幻想没能得到实现,所以对母亲感到愤怒,同时这种愤怒又使他在无意

长不大的成年人

识之中产生自责。"[1]

幼儿期与母亲关系亲密的孩子，完全不必压抑自己的愤怒，而且"满足自己一切愿望的美好幻想"也得到了实现。

这样的孩子长大成人之后，性情也比较平和，更容易放松心态。而从不知宠爱为何物的孩子，则会成长为不知放松为何物的成年人。

弗洛姆认为"母亲是给予孩子保护与安全感的最初的化身"。比如母亲给孩子换了尿布之后，孩子感觉干净舒爽。这时母亲会问："舒服吗？"于是孩子的心就会得到治愈。因为自己的一切都得到了母亲的包容和认可，使孩子产生安全感。

但正如前文中提到过的那样，现实生活中的母亲由于各种各样的原因，有时候很难充分地展现出母爱。现实中的母亲可能在孩子伸出脏脏的小手时，"啪"的一下把孩子的手打到一旁，或者掐孩子的胳膊，结果使孩子以为母亲并不喜欢脏脏的自己。有的孩子会在母亲给自己换尿布时得到治愈，而有的孩子则会在母亲给自己换尿布时受到伤害。

这两种不同类型的孩子成长到35岁之后，社会会用同样

---

[1] ［日］佐治守夫，《不冷静的孩子·暴力的孩子（关于儿童与教育的思考·21）》，1985年。

第四章 对母亲的依赖

的方式对待他们,而不是用对待5岁孩子的方式对待5岁成年人。

父亲也一样,既有保护孩子的父亲,也有不保护孩子的父亲。不保护孩子的父亲一般在外面非常弱势,经常被欺负。所以他们在家里虐待自己的孩子,看到孩子唯唯诺诺的样子就会感到很开心。他们通过伤害孩子来治愈自己心中的伤痕。

同样,被父亲伤害过的孩子,长大成人之后也会被社会以成年人的方式对待,而不会用对待5岁孩子的方式对待他们。

生理年龄相同，心理年龄却不同

"'近亲相奸'的愿望，不仅包括对母亲的爱和保护的渴望，还有对母亲的恐惧。这种恐惧主要来自因为依恋导致的自立能力的缺失。"

在"近亲相奸"的愿望没有得到满足的心理状态下长大成人，就像是将一个还在享受与母亲一同玩耍的幼儿，强制性地送到外界让他和其他小朋友一起玩耍。或者孩子想让母亲关注自己的时候，忽然来了个自己不认识的母亲的朋友占用了母亲的时间。

这对孩子来说是非常寂寞的体验，会让孩子失去干劲。孩子即便在外界与其他小朋友一起玩耍，也感觉不到任何积极的意义。他们总是会带着对母爱的渴望，消极地和伙伴相处。

等他们长大成人之后也是如此。就像依恋对象不在时幼儿会感觉抑郁一样，成年人也会抑郁。这就是因为对母爱的渴望没能得到满足导致的。

孩子在幼年时都有一个利己主义的时期，如果让他在这个时

第四章 对母亲的依赖

期采取利他的行为，孩子一定会感到很痛苦。心理成熟之后自愿地采取利他行为和利己主义时期被迫采取利他行为，两者的心理感受是截然不同的。在利己主义时期被迫采取利他行为会使人感觉非常痛苦。

人即便生理年龄相同，心理年龄也可能各不相同，所以即便做同样的事，有的人感到快乐而有的人则感到痛苦。让幼儿搬运沉重的石头，所有人都会说这对幼儿是一种虐待。在身体的问题上，社会是很讲人权的。但与这种身体虐待相同的心理虐待，社会却并不在意。

缺乏关爱的孩子，无法完全沉浸在自己的世界之中。能够通过绘画获得满足的孩子，会完全沉浸在绘画之中。而心理没有得到满足的孩子，则会先说："我是坐车来的哦！"然后开始画车的画，接着问老师："你知道这个车吗？"

因为与绘画相比，他们更关心老师对自己的看法。心理没有得到满足的孩子无法沉浸在绘画之中，他们总是在意他人的看法。如果他们因此而遭到老师的批评"为什么不认真画画"，那就太可怜了。

在吃到美味的食物之后，使"美味"的感觉得到满足，才会产生想要"制作"美味料理和"想吃"的愿望。而这种愿望能够实现自我的价值，使自己的需求进入下一个阶段。只有亲身感受关爱，心理才能获得成长，只在大脑里知道关爱他人的理论是远远不够的。

看似幸福却感到辛苦，是因为心理没有得到满足

感觉非常烦恼的人，对自己身边的所有人都抱有敌意。因为他们认为所有人都没有满足自己"幼儿期对母亲的依恋"。尽管他非常渴望对母亲的依恋，但这种渴望没有得到满足。所以他们痛恨所有没有帮助他们满足自己愿望的人。

如果一个人身体上存在障碍，周围的人肯定会对其更加宽容。但如果是心灵上存在障碍，周围的人则仍然对其一视同仁。对母爱的渴望没有得到满足的孩子和对母爱的渴望得到满足的孩子，在周围的人看来都是一样的孩子，所以也会用同样的方法对待他们。

这个社会对成长于关爱之中的孩子和缺乏关爱的孩子提出同样的要求，因为一个人是否缺乏关爱，从外表上是完全看不出来的。

所以5岁成年人不管做什么都会感到很辛苦，他们的生活之中充满了辛苦，周围的人却理所当然地要求5岁成年人做这些痛苦的事。那么5岁成年人讨厌周围所有的人也是理所当然的，因

第四章 对母亲的依赖

为没有人理解他们心理上的障碍。

弗洛姆所说的对母亲的依恋和恐惧的情感，和弗洛伊德所说的性欲相比，是人类最本质的情感。而且对母亲的过度依恋会破坏一个人爱的能力，使其无法去爱。也就是说，一个人如果对母亲的依恋过于强烈，那么他一生都无法获得幸福，因为爱的能力是获得幸福的基础。

不懂得关爱家人的人，即便全家人都围在身边他也不会感到幸福。假设有一个不懂得关爱家人的老奶奶——实际上像这样的老爷爷和老奶奶比比皆是——在她过80大寿的时候，全家人都来为她庆祝。在外人看来，这位老奶奶一家其乐融融，她肯定会感到十分幸福。但实际上，因为这位老奶奶并没有关爱家人的能力，所以这种场景对她来说一点也不幸福。在我身边就有这样的老人。

人并不是上了年纪之后就能够自然而然地摆脱对母亲的依恋。即便到了80岁、90岁，依恋母亲的人仍然依恋母亲，而且这些人一生都因此而感到忧郁和不安。

如果母亲有自杀的倾向，那么我建议孩子最好与母亲断绝关系。尽管与母亲断绝关系是一种悲剧，但如果不断绝关系的话，只会导致更加严重的悲剧发生。

人越是得不到母亲的关爱，对母亲的依恋就越强。这种对母亲的依恋所产生的巨大能量，也是导致人们烦恼的能量之源。很多人虽然表面上看起来生活得很幸福，但实际上内心非

常烦恼。周围的人完全无法理解他们为什么烦恼，但所有烦恼的人都有烦恼的理由。在绝大多数情况下，都是因为对母亲的过度依恋所导致的。

如果无论如何都无法理解这些烦恼的人，不妨看看下面这个例子。

肚子很饿想吃饭团的少年，坐在豪华的马车上。肚子很饿想吃饭团的少女，手上戴着巨大的钻石戒指。旁人看不见他们肚子里的情况，但能看到豪华的马车和巨大的钻戒。尽管他们外表看起来光鲜亮丽，最关键的食欲却得不到满足。而周围看着他们的人，却都吃得饱饱的。

"不是我的责任"是我父亲的心里话

我作为儿子,绝对不会原谅我的父亲。但如果站在父亲的立场上来看,情况则完全不同。

对我的父亲来说,他从出生就没有得到过母亲的关爱,他作为一个极其渴求关爱的人,一直都处于欲求不满的状态。但这并不是他的责任,因为他并不能选择自己的父母。

雪上加霜的是,父亲的婚姻也是不幸的延续。他和一个完全没有关爱之情的女性结婚。但这也不能说全是他的责任,如果父亲能够得到母亲哪怕一点点的关爱,他也不至于感到如此寂寞,轻易地被那样的女人吸引。更不幸的是,父亲有了6个孩子。

父亲内心之中存在着非常严重的纠葛,他处于自己一个人生活都已经竭尽全力的心理状态,却还要被迫承担作为父亲的责任。在他看来,这是自己完全无法面对的状况,孩子们完全是他的负担。尽管他心里很想将孩子都扔掉,但受社会道德和法律制约的他不能那样做。

或许有人会说:"孩子不是你们自己生的吗?"但在父亲看来,他并不是因为想要孩子才和妻子生孩子的,只是孩子意外地被生下来了而已。这些意外出现的孩子又要求他履行做父亲的责任,对父亲来说这完全是无理要求。

因为父亲就没有从其父母那里得到关爱,所以他也不知道自己作为父亲应该怎么做。"没有感受过父母关爱的我,根本不适合做父亲",这就是他的心里话。

社会显然不会接受父亲的借口。不管你有怎样的成长经历,不管你心理上是否已经做好成为父亲的准备,只要在社会意义上成为父亲就必须承担父亲的责任。这对5岁父亲来说确实是一件非常辛苦的事情。

我的父亲曾经在日记上写下"已经完全无能为力"的话,他也确实"无能为力"。本来他应该在母亲的呵护下无忧无虑地玩耍,这才是他的幸福,可是他阴差阳错地结婚生子、成为父亲,结果不得不为了维持家庭的生活而去职场工作。

在这种情况下,即便出现一个非常爱父亲的女性,也无法将他从地狱之中拯救出来。因为这样的女性完全是从异性的角度与父亲交往,所以即便她很爱父亲,父亲也仍然在地狱之中挣扎。

因为父亲对我们这些孩子很不好,所以任何一个正常的女性都不可能容忍父亲的这种行为,一定会要求他改正错误,让他像一个正常的父亲那样行动。

那么,什么样的女性才能拯救父亲呢?

第四章　对母亲的依赖

　　首先，要不断地称赞父亲，满足父亲对关爱的渴望。其次，和他一起谴责他的父母，为父亲的憎恨创造一个发泄的出口。最后，站在父亲的立场上，告诉他"你不喜欢孩子是理所当然的"，消除他内心之中的罪恶感。只有能够做到上述几点的女性才能拯救父亲。但在现实生活中，一个正常的女性恐怕很难做到吧。

心理还是5岁的幼儿却成为6个孩子的父亲

父亲在心理年龄还是5岁幼儿的状态下,成了6个孩子的父亲。与此同时,完全不理解他的心理,还说"不管你有什么借口,你实际上已经成为父亲了"的女性将父亲推向了地狱的深渊。

"不管你有什么借口,你实际上已经成为父亲了",这句话在社会意义上是正确的。社会强制要求父亲履行他身为父亲的职责。但这句话即便在社会意义上是正确的、理所当然的,对于5岁父亲来说却是非常残酷的。

"没有人关爱我,让我的心理停留在5岁孩子的阶段,现在却强迫我履行父亲的职责,我实在是无能为力",这就是5岁父亲的真实想法。他们根本不考虑什么社会意义的正确,他们只渴望能够满足自己"近亲相奸"的愿望。

能够满足父亲"近亲相奸"愿望的关爱,虽然能够帮助父亲的心理成长,对孩子却是不能接受的爱。在幼儿时期满足"近亲相奸"愿望的关爱是母爱,在长大成人之后,这种爱就变成了只

第四章 对母亲的依赖

爱自己的自私之爱。在旁人看来，这样的人并不是拥有母爱的温柔之人，而是冷若寒冰、桀骜不驯的自私之人。

我的父亲显然并没有遇到能够满足他"近亲相奸"愿望的女性。

于是父亲只能被迫承担起作为丈夫和父亲的责任。无处发泄的憎恨之情将他紧紧地束缚起来，使他陷入"已经完全无能为力"的心理状态。

在旁人的眼中看来，父亲的人生是什么样子的呢？儿孙满堂、家庭幸福、事业成功，这是多么幸福的人啊。

我可以肯定地说，一个人感觉到幸福绝不是拥有财富和名誉。人类幸福的原点，是拥有心理成熟的父母。因为只有在儿童时期满足了"近亲相奸"的愿望，长大成人之后才能成为社会意义上的成年人，从而感受到幸福并拥有幸福。

缺乏关爱之人的悲剧

每当思考这个问题的时候，我都会想起1997年发生在美国的集体自杀惨剧。这个宗教团体的教主阿普尔怀特不但有儿子，还有孙子，但据说他本人并不知道自己有孙子这件事。

对阿普尔怀特来说，他并不是因为想要孩子才生孩子的，孩子的出生完全是一场意外。对成长在关爱之中的人来说，这种做法完全是不负责任的。当然，从社会道德的角度来说这也确实是不负责任的表现。但站在阿普尔怀特的立场上来看，则有不同的解释。

心理承受着非常严重的折磨，自己一个人生活都勉勉强强，结果身边还跟着另一个累赘。或许阿普尔怀特内心十分期望孩子能离开自己吧。他更不能接受孙子的诞生。所以我认为他应该是真的不知道自己有孙子这件事。毕竟他根本不希望和孙子扯上任何关系。

一个在成长过程中没有感受过关爱的人，不可能产生责任感，只有在社会道德和关爱之中成长起来的人才会有责任感。人

第四章 对母亲的依赖

类只有在自己得到关爱、有真心喜欢的人之后，才会产生"我这样做，才不会令他（或她）伤心"的想法，才会去遵守社会的道德规范。因此，让一个内心之中只有憎恨的人遵守社会的道德规范是不现实的。

在没有得到过关爱的人看来，如果想要求他做什么事，首先要满足他的要求。"没有人关爱我，却让我去关爱别人，简直是岂有此理"。没有得到过关爱的人，就像一个没有拿到钱就被家长派去买东西的小孩。到了商店之后店主要钱，但孩子没有。

如果没有买到东西就回家，会被家长责骂。如果不给钱的话，又会被店主责骂。这就是5岁父亲面临的困境。

5岁成年人希望周围的人能够理解他们的立场。他们因为"近亲相奸"的愿望没有得到满足且对别人总是一味地对自己提出要求而感到愤怒，所以他们认为没有人理解自己。

极端地说，现在的社会并不适合没有得到过关爱的人生活，但他们不得不生活在这个社会之中。他们只能被动地承担着社会的期待，竭尽所能地履行自己的职责。在他们的生活之中充满了难以想象的困难险阻。

母亲的爱能够包容孩子的一切，因此在母亲的关爱中长大的孩子懂得站在不同的立场上进行思考。

没有获得过母亲关爱的人，因为从出生以来就没有人站在他的立场上理解他的心情，所以他们也不懂得站在他人的立场上思考。但周围的人并不认为他们不懂，毕竟这是"社会的常识"，

所以他们一直生活在周围人的谴责之中。

打个比方，这就像是上小学时母亲没有给自己准备便当，到了中午吃饭的时候，老师却认为你只是因为不愿意吃饭而把便当藏起来了，于是强迫你"赶紧吃饭"。

美国年轻犯罪者的借口

人在得到母亲的关爱之后"近亲相奸"的愿望就能得到满足,进而便能从对母亲的依恋之中解脱出来,产生积极向前的能量以及关爱他人的能力。拥有关爱他人的能力,才能战胜生活的苦难,作为一个正常的成年人在社会中生活。

没有得到过母亲关爱的人,就像被迫开一辆没有汽油的车赶路,就像被迫在寒冷的冬夜裸奔。

我在30多岁的时候,进行了一项针对犯持械抢劫罪的年轻人的心理活动的调查。如果是个人研究的项目,无法进入监狱进行实地调查。于是我拜托一位犯罪学家,以哈佛大学研究项目的名义,终于获得了进入监狱进行调查的机会。

在此之前,我从没有亲自进入监狱对犯罪者进行过调查,只有委托监狱方面帮忙进行调查,但我认为那样做无法得到最准确的信息。

监狱方面因为害怕罪犯将研究人员劫持为人质,所以拒绝任何研究人员进入。但我坚持认为必须亲自和犯罪者进行交流,才

能获得我想要的信息。

于是我花了1年的时间，终于说服了大学和监狱的相关人员，获得了前往位于波士顿郊外的康科尔德监狱与里面的犯罪者直接交流的机会。

我想知道，他们为什么会走上持械抢劫的犯罪道路。犯罪者的回答各种各样，其中有一个人是这样说的："我是个黑人，在我很小的时候父亲就跟别的女人跑了，我没有受过正规教育，除了抢劫我没有别的生存之道。"

社会道德和法规不允许抢劫，这名犯罪者却认为自己做的并没有错，而且他还说"尼克松比我更可恶"。当时正是尼克松担任美国总统的时代。

这些犯罪者完全没有罪恶感，他们认为有罪的是尼克松、是美国社会，并不是自己。

没有得到过母亲关爱的人，心理的痛苦比这些犯罪者更甚。享受过母亲关爱的人是绝对无法理解这种痛苦的。

享受过母亲关爱的人，就像开着奔驰行驶在高速公路上。而没有得到过母亲关爱的人，就像是光着脚走在滚烫的柏油路上。

"你是父亲就要承担责任"这种社会意义上很正确的言论，就像是开着奔驰的人嘲笑光着脚走路的人说"你怎么走得这么慢"。

对一个肚子很疼的人说"出去玩吧"，他肯定不会出去玩。

第四章 对母亲的依赖

因为如果不解决肚子疼的问题,他就没有出去玩的心情。同样,5岁成年人如果"近亲相奸"的愿望没有得到满足,也不会有积极面对人生的态度。小孩不愿意洗澡,如果母亲带着孩子一起洗的话孩子就会同意洗澡。孩子不愿意出去玩,如果母亲带着孩子一起去公园里玩的话,孩子会发现"哎,原来外面这么好玩啊",这样孩子以后就会愿意去公园里玩。

在"近亲相奸"的愿望没有得到满足之前,就让孩子拥有积极的人生态度,是不切实际的。

对母爱的渴望没有得到满足的人

最近,丈夫对妻子施行家庭暴力的问题日益严重,这样的丈夫绝大多数是5岁成年人。

为什么丈夫要对妻子施行暴力呢?理由很简单,因为丈夫要求妻子做自己的母亲。他们希望妻子能够满足真正的母亲没能满足他的愿望。但妻子与母亲是不同的,妻子无法替代母亲的角色。即便如此,丈夫仍然错误地要求妻子满足自己对母爱的渴望。

当妻子不能满足他们对母爱的渴望时,他们就会对妻子感到不满,继而产生敌意并暴力相向。对妻子施行暴力的丈夫都是对妻子有过分的要求,但他们自己并没有意识到这一点。

满足对母爱的渴望,是人生幸福的基础。

对母爱的渴望没有得到满足的人,很难拥有积极乐观的性格。

"他们需要能够像母亲一样保护、包容、照顾自己的女性。如果得不到这样的关爱,他们就很容易感到不安和抑郁。"

第四章　对母亲的依赖

对母爱的渴望没有得到满足的人，无法激励他人，给予他人勇气。如果一个团队的领导者向部下寻求关爱，就很难维持团队的士气。

对母爱的渴望没有得到满足的人，无论何时总是在寻求关爱，这样的人最不适合做领导者。需要他人关爱的人，无法带领他人前进，也无法对部下进行教育，更不能教育学生、教育孩子。

那么，这样的人应该怎么做才好呢？

第五章

5岁成年人和他们的精神支柱

即便成长在不利的环境之中也能获得幸福

我曾经翻译过一本叫作《大脑模式》（马连·米勒著，讲谈社，1998年）的书，书中反复强调人必须充分利用自己的优势来生存。其中有这样一段话：

"为了研究环境对孩子成长的影响，加利福尼亚大学的艾米·沃纳花了32年的时间，对共计698名儿童进行了分组研究。这些孩子被安排在夏威夷的考艾岛上一个'与世隔绝、生存环境恶劣'的地方生活。结果有2/3的孩子如预料的一样，在10岁之前出现了严重的学习和行为障碍。但同样令人感到惊讶的是，另外1/3的孩子表现得非常优秀，充满自信，而且心理也很健康。"

这个研究的结果非常值得5岁成年人学习。因为即便在非常严苛的生存环境之下，仍然有感觉幸福的人。当然，这与当事人与生俱来的性格也有关系。

即便成长在极端不利的环境之中仍然能够获得幸福这个事实，对5岁成年人来说绝对是一种激励。与其诅咒自己的童年，一辈子都活在怨恨之中，不如想办法让自己过上幸福的人生。

第五章　5岁成年人和他们的精神支柱

为什么有些人能够获得幸福呢?

"根据分组之中发现的几百个变量,可以总结出3个比较显著的特征。

"1. 不管外界状况如何,婴儿们都感到非常幸福。从1岁开始,这些婴儿就萌发了积极的感情(爱笑、感到满足)。并没有人教婴儿这些,这完全是他们自发产生的感情,而且这些还在蹒跚学步的婴儿就已经能够对自己周围的环境进行管理。'虽然他们并没有什么特殊的才能,但他们能够充分地发挥自己拥有的能力'。

"2. 幸福组的孩子从幼儿期开始,会对至少一名成年人(不仅限于父母)表现出信赖,并将其作为自己个人的照顾者。等他们长大成人之后,会继续将家庭、好友以及信仰作为自己的精神寄托。信仰和祈祷是他们非常重要的内在精神支柱,用于弥补外在的人际关系的不足。

"3. 幸福组的孩子都拥有个人的、与他人无关的兴趣。

最近有研究证明儿童时期的不利条件和没能得到满足的愿望,并不能决定一个人的人格。儿童即便在7岁之前一直处于非常严苛的环境之中,但到了十几岁之后,仍然能够拥有正常的IQ(智商)和行为模式。"

拯救5岁成年人的3个条件

通过前文的研究结果，5岁成年人能够得到哪些启发呢？

首先，值得关注的就是第1条"虽然他们并没有什么特殊的才能，但他们能够充分地发挥自己拥有的能力"。

不需要拥有过人的才能，只要能够充分地发挥自己拥有的能力，就可以获得幸福。所以，只要找到自己与生俱来的能力，然后充分地利用起来即可。

需要注意的是，说起充分发挥自己拥有的能力，可能很多人会错误地将自己拥有的能力理解为拥有一种过人的天赋，比如成为商业奇才，或者成为画家之类的。

实际上并非如此，而是应该把认真地度过每一天作为出发点。通过认真地度过每一天的人生，就可以使我们发现自己与生俱来的能力，并且找到充分发挥能力的方法。

其次，第2条"信仰和祈祷"也很重要。只要心中有信仰，有自己相信的东西，那么即便生活在非常严苛的环境之中，内心之中也拥有支柱。

第五章　5岁成年人和他们的精神支柱

祈祷并不是被动地等待上天的救助,而是通过祈祷来使自己拥有坚韧不拔的精神,用精神支柱来保证自己不会被轻易打倒。

最后,第3条告诉我们,拥有个人的兴趣对获得幸福非常重要。当一个人沉浸在兴趣之中时,他就会进入一个完全属于自己的世界,这样可以使心灵得到治愈。

不过,也有因为听说"退休后拥有自己的兴趣非常重要"而勉强自己去寻找兴趣爱好的人,像这样被动地去寻找兴趣是不行的。5岁成年人就经常会出现这种被动的情况。

兴趣的关键在于能够从中获得快乐。如果能够通过钓鱼获得快乐,那么钓鱼很有可能会从一个人的兴趣变为一个人的专业,甚至这个人会变成钓鱼专家。

以上3点,就是让5岁成年人获得幸福的重要因素,甚至可以说是必不可少的条件。

只要有心爱之人，就有战斗的勇气

我的父亲一直到死都处于痛苦之中。我认为父亲之所以那么痛苦，主要是因为他的严重的自恋情结。也就是说，他除了自己之外，对任何事情都不关心。

人只要心中有关爱，就能够从人生的痛苦中得到救赎。为自己关爱的对象努力，不会有任何痛苦的感觉。只要有心爱之人，就有战斗的勇气。但如果为了自己讨厌的对象努力，则是一种折磨。也就是说，即便做同样的事情，心理上的感觉可能存在着天壤之别。

如果不能理解这种心理上的差异，就无法理解5岁成年人。比如我的父亲，在旁人看来，他生活在非常优渥的环境之中，不管是他的经济地位还是社会地位都让人羡慕。然而对他本人来说，仿佛生活在地狱之中。

如果我对别人说，我的父亲生活在痛苦之中，或许他们会说："他那么幸福，你别开玩笑啦！"

但即便是做同样的事，为心爱之人做就是一种幸福，为讨厌

第五章　5岁成年人和他们的精神支柱

的人做则是一种折磨。

我的父亲讨厌他的妻子，讨厌他的孩子，讨厌家里的每一个人。所以对父亲来说，被迫去工作养家是一种身处地狱般的折磨。这也是每一个5岁父亲都体会过的痛苦。

父亲之所以对我们说"凭什么只有我一个人工作，明天开始你们都给我去干活"，完全是出于心中的憎恨。因为他除了自己之外不爱任何人，所以他只愿意为自己工作，如果为他人工作的话，他就会如同身处地狱般痛苦。

工作并不会使人感到痛苦，不是为了心爱之人工作才使人痛苦。自恋的人如果是为了自己的利益而工作，也一样会感到幸福。心理健康的人为心爱之人工作也会感到幸福。

一个在童年没有得到过关爱的人，怎么可能去关爱自己的孩子呢。在缺乏关爱的环境中成长起来的5岁成年人的悲剧就在于此。

在关爱中长大的人，完全无法理解缺乏关爱的人所遭受的痛苦。在关爱中长大的人认为有孩子是一种幸福，而对缺乏关爱的人来说孩子只能带来痛苦。

如果做同一件事对所有人来说都如同身处天堂般幸福，做另一件事对所有人来说都如同身处地狱般痛苦，那么人类一定能够彼此理解，社会也会更加和谐，彼此间再也不会有憎恨了吧。

为所爱之人努力

做同样的努力,有人感到幸福,有人感到不幸。比如为了获得他人的好感而努力,如果对方是自己喜欢的人,那么这样的努力就能获得回报,但如果对方是自己讨厌的人,则努力也无法获得回报。

为了讨好自己讨厌的父母而努力,是痛苦的努力,也是无法获得回报的努力。但如果是为了讨好自己喜欢的父母而努力,则是快乐的努力。

即便是同样的人生负担,对不同的人来说其重量也不同。如果是为所爱之人背负负担,这样的人生是有意义的,即便负担沉重也能坚持下去。但如果仅仅是为了履行义务而背负负担,那么这种负担就会沉重到使人难以坚持,只会使人心存怨恨。

如果只是为了保护自己而战,很快就会失去战斗的意志。但如果是为保护心爱之人而战,则会涌出无限的力量。战斗时每个人感受到的辛苦是不同的。

第五章 5岁成年人和他们的精神支柱

人之所以会被耗竭，就是因为努力却得不到回报，人生没有任何快乐，只有痛苦。工作即便辛苦，但只要感觉有意义就不会被耗竭。如果对家人和社会心存关爱，人也不会被耗竭。那些被耗竭的人，都是讨厌工作也讨厌自己周围一切的人。

他们不愿承认这一点，平时也总是做出一副热爱工作的样子，做出一副对周围人都很热情的样子。这种用于伪装的努力不会得到任何回报，只会不断地消耗他们的能量。

被耗竭的人，想从自己讨厌的人身边逃走却做不到，因为他们并不愿意承认自己讨厌周围的人。

在关爱之中长大的人，无法理解为什么有人会去做这种完全得不到任何回报的努力。

比如在母亲的关爱之中长大的人，他们的努力都是为了讨好自己喜欢的母亲，所以他们的努力也一定能够得到回报。这样的人从不会为了伪装自己而付出愚蠢的努力。

被耗竭的人甚至渴望自己讨厌的人也能关爱自己。正因为对方不重视自己，所以他们才想要讨好对方。但这种努力都是白费力气，最终只会使他们的精神出现扭曲。

在我翻译的《大脑模式》一书之中还有这样一段话：

"（惯用右脑的深思熟虑型的人）为了获得他人的好感而自我牺牲，因此总是对他人心怀憎恨。或者观察他人的言行举止，认为他人做这些都是为了伤害自己。为了克服这些弱点，他们往

往需要花上好几年的工夫。"

人按照大脑类型分为四种类型，而"深思熟虑型"即此四种类型之一。"惯用右脑"指的是这种类型的人，右脑的活动更加频繁。

心怀憎恨的人无法获得幸福

5岁成年人和心理健康的成年人,即便外表看来在做同样的事情,他们内心之中的感觉却是一个身处天堂、一个身处地狱。

为了自己关爱的家人工作是幸福,而为了自己讨厌的家人工作则是痛苦。明明讨厌却还要装出一副关爱的样子并且被迫为家人工作,那就是苦上加苦。

没有人从一出生就讨厌家人。如果是极端自恋的人,就会自然而然地讨厌家人。对自恋的人来说,只有自己才是最重要的,除了自己之外的其他人都不重要。自恋的人对外界毫无兴趣,只关心自己。

人总会长大,走入社会,并且为了他人而工作。即便心理年龄还停留在儿童时期,但生理年龄已经是成年人,所以行动也必须符合社会的规范,承担社会责任。

心理年龄与生理年龄之间存在偏差,就会导致问题出现。心理年龄只有5岁,生理年龄却是45岁,身体也会随着年龄的增长而衰老。

长不大的成年人

如果人的心理年龄随着生理年龄的成长而成长，或许就不会有那么多心怀憎恨的人了吧。心理年龄只有5岁，生理年龄却是45岁的人生活非常辛苦，不管他们身处在多么令人羡慕的环境之中，对他们自己来说每天都像生活在地狱之中一样。

一个生理年龄45岁的人，即便心理年龄只有5岁，也必须为了他人而工作。45岁是一个不管对家庭还是对公司，都必须为他人而工作的年龄。45岁的人赚钱不是为了自己花，而是为了给周围的人花；45岁的人工作不是为了自己，而是为了周围的人。

假设有一个养育了5个孩子的母亲，她肯定没有时间享受自己的兴趣爱好，也没有心理上的闲暇。别说兴趣爱好了，她甚至连做按摩的时间都没有，恐怕也没有多余的金钱买自己喜欢的衣服。

在这种情况下，关爱他人的人就能够获得救赎。关爱孩子的母亲就能够获得救赎。但从小就缺乏关爱的人，也没有关爱他人的能力。所以心理年龄只有5岁但生理年龄是45岁的人，就会感觉自己好像是周围人的奴隶一样，心中只有痛苦和悔恨。

极度自恋的人可能直至死亡都会憎恨这个世界。他们明明对他人毫不关心，却不得不为了他人而不停地工作。所以自恋的人会认为"都怪你们，让我这么辛苦地工作"，因而心中可能充满了憎恨。

心怀憎恨的人无法获得幸福。因为他们无法从他人的幸福中感受到幸福，他人的幸福正是他们痛苦的原因。

第五章 5岁成年人和他们的精神支柱

能够关爱他人的人，则能够通过让自己所爱之人幸福来使自己也感受到幸福。一个人的幸福，既可以是导致他人痛苦的原因，也可以是使他人幸福的源泉。

不能关爱他人就无法获得心理的成长

5岁成年人还面临着另一个非常严重的问题,那就是他们不愿承认自己讨厌周围的人。

5岁成年人因为感到孤独,所以他们不认为自己讨厌周围的人。他们一边自欺欺人地认为自己喜欢周围的人,一边努力地工作。这就导致了一种更加复杂的不愉快的心理。

现在很多年轻的母亲都存在这样的问题,育儿对她们来说就像备考复习一样。她们并不想养育孩子,但又不能说讨厌孩子,或者说她们不愿承认自己讨厌孩子。

尽管将"我讨厌育儿"说出来会让自己轻松许多,但她们一直扮演一个好妈妈的角色。光是育儿就已经让她们痛苦不堪,结果还要装出一副好妈妈的模样,不仅欺骗了别人,也欺骗了自己。

当今这个时代,金钱的多少并不能作为衡量幸福与否的基准,通过物质的丰富程度来判断是否幸福的时代已经过去了。

第五章　5岁成年人和他们的精神支柱

我的童年时期，二战刚刚结束，金钱的多少是幸福与否的决定性因素。有很多人因为没有东西吃而饿死，还有人因为没有衣服穿而冻死。我们这一代人对于没钱究竟有多痛苦可以说有亲身的体会。那个年代的人根本没心思想什么自恋不自恋的问题。

现在这个物质极大丰富的时代，对幸福的定义就和以前物资匮乏的时候完全不同了。在物资匮乏的年代，或许贫穷就意味着不幸，因为贫穷甚至可能使人无法继续生活下去。但在当今时代，不幸的并不是没有钱的人，而是5岁成年人。

人的生理年龄会不断增长，心理年龄却并不一定随着生理年龄增长，结果就导致心理年龄与生理年龄之间出现了巨大的偏差。

少子化的问题无法通过制度来解决

很多人将当今时代称为"非婚时代"。由此可见,对很多人来说结婚也是一种痛苦。结婚之后,人就不能只为自己而活。有了孩子之后,就更不能只为自己而活。

对于工作赚钱只想给自己花的人来说,结婚就是踏入地狱。对于养育孩子不能使自己感到幸福的人来说,生子就是踏入地狱。

如今之所以出现少子化的问题,就是因为人们的心理年龄成长缓慢。

不是因为女性不愿意生孩子,而是因为没有人愿意将自己辛辛苦苦赚来的钱拿去给孩子交补课费。能够从为孩子付出的行为之中感到幸福的人越来越少。

当男人认为去酒吧喝酒是乱花钱的时候,当女人认为去美容院做按摩是浪费钱的时候,当越来越多的人愿意为了让孩子开心而花钱的时候,少子化问题就能得到解决。

如果男人仍然觉得"我为了你不舍得喝酒……",女人仍然感觉"我为了你不舍得去按摩……",少子化问题就永远也不可能解决,因为父母仍然认为自己在做出牺牲。只有在父母不认为自己在做出牺牲,能够从育儿中感到幸福和喜悦时,少子化问题才能得到解决。

如果酒吧里还是人头攒动,美容院门庭若市,少子化问题就得不到解决,育儿也是一种痛苦。

公司为女性员工提供有助于其育儿的福利制度,并不能解决少子化问题。以为仅凭育儿假和减税等政策就能解决少子化问题,完全是将人类物化,没有考虑到人的感情和心理问题。

在当今时代,像这样忘记只有爱才是人类成长原点的政策实在是数不胜数。

如果缺乏关爱能力的人生下孩子,只会带给他们悲剧。不管孩子还是父母,都会变得不幸。父母无法承担养育孩子的负担,这种负担并不是经济上的,而是心理上的。

现在的父母本来是无法承受心理上的负担,却欺骗别人说自己无法承受经济上的负担。不只欺骗别人,也是在欺骗自己。他们的问题并不在于经济压力太大,而是在于他们并不是真正的喜欢孩子。

在缺乏关爱的环境中成长起来的孩子,会成为自恋的人,而自恋的人生下的孩子也不会得到幸福。不幸就这样被一代又一代地传下去。

讨厌周围的人会使生活变得更加辛苦

"为了照顾小狗就算疲惫也会感到快乐",只有这样的人才能通过养狗来获得幸福。只是看到小狗感觉小狗可爱,就觉得能通过养狗来获得幸福是不太可能的。养育孩子也是如此。

弗洛姆曾经说过:"对母亲的畸恋会破坏一个人爱的能力。"卡伦·霍妮则认为自我厌恶会破坏一个人爱的能力。

塔尔凯维奇在书中描写一个身在福中却充满不幸的人时,他对此人的评价是"如果他有获得幸福的能力就好了"。这里所说的"获得幸福的能力",正是"尊重自己"以及"爱的能力"。

蔑视自己、畸恋母亲的人,即便拥有全世界所有的财富也无法变得幸福。曾经的世界首富霍华德·休斯用自己的人生证明了这一点。

总是抱怨自己生活辛苦的人,在绝大多数情况下,都讨厌自己周围的人,而且他们还要为了讨厌的人而工作。

抑郁症患者之所以活得那么辛苦,就是因为他们讨厌周围所有的人。他们的人生之所以充满了挫折,或许也是因为他们不得不为了自己讨厌的人而工作吧。

当然,他们也不是从生下来就讨厌周围的人。他们本来是喜欢周围所有人的,但他们这种善良的性格却被周围的人所利用。

患有抑郁症的人,从小就一直承受着巨大的压力,每天都被迫做自己做不到的事情。周围的人因为他们好说话就一直欺负他们,提出无理的要求。普通的孩子或许会说"做不到""不行",但患有抑郁症的人会勉强自己去做。

不管是家人还是朋友,都以给患有抑郁症的人出难题为乐,这使得他们感到非常痛苦。在这样的环境下,他们的心理就会一直停留在幼稚的阶段得不到成长。

即便生理上长大成人,他们与周围的关系也基本没有变化。他们会逐渐无法满足周围人提出的无理要求,于是他们越来越讨厌周围的人。有抑郁症的人基本上都经历过这样的过程。

他们越是讨厌周围的人,生活就越辛苦。正如前文中说过的那样,为讨厌的人工作和为喜欢的人工作,即便做的是同样的工作,心理上的感觉也是完全不同的。

为讨厌的人工作的人,生活只有痛苦。而为喜欢的人工作的人,即便在旁人眼中看来"非常辛苦",但实际上他们乐在其中。

患有抑郁症的人,因为童年时期的经历,所以他们对周围的人心怀憎恨也是理所当然的。因为他们心怀憎恨,所以爱的能力

遭到破坏。因为失去了爱的能力，所以生活才如此辛苦。

即便如此，抑郁症患者仍然向周围的人寻求关爱，向他们讨厌的人寻求关爱，所以他们不能将心中的憎恨表现出来。除了默默地挣扎，他们再也找不到其他的生存方法。

从出生开始就没有感受过关爱，因为寂寞而希望他人关爱自己，于是为了讨好他人而对周围的人言听计从，同时也对周围的人产生憎恨。最终，对关爱的需求仍然没能得到满足。

在关爱中成长的人，不容易被花言巧语所欺骗，所以他们周围都是诚实的人。但缺乏关爱的人因为渴望得到周围人的关爱，所以很容易被花言巧语所欺骗，他们周围也自然聚集了很多不诚实的人。

获得幸福的第一步就是不要期待周围人的关爱

5岁成年人很容易相信别人,而且看不出对方的真正意图。如果有人对他们说"我是知名学者",即便这个人实际上没有任何成绩,他们也会相信对方就是个知名学者。如果对方说自己是诺贝尔奖获得者,他们甚至会相信对方所说的每一句话。因此,有些宗教团体就会利用他们的这个弱点。

缺乏关爱的人,会成为骗子的猎物,所以他们才会陷入既讨厌周围的人又渴望得到周围人关爱的地狱之中。

为讨厌的人做任何事都是折磨,但缺乏关爱的人无论如何都难以摆脱这种折磨。

丹·凯利曾经说,"孤独是商业主义的猎物",实际上孤独的人不仅是商业主义的猎物,还是所有骗子的猎物。当一个人感到寂寞和孤独的时候,就会渴望周围人的关心,于是咬到骗子的鱼饵。

这里所说的"孤独",并不是偶尔感到亲近的人不在身边的那种心理状态,而是在成长过程中缺乏关爱所导致的孤独。成长

在关爱之中的人即便因为失恋或其他的原因而感到寂寞或孤独时，也不会成为骗子的猎物。但缺乏关爱的人因为不知道爱为何物，所以很容易被骗。

缺乏关爱的人就像是不断地滑向地狱的深渊，却不知道应该如何停止。

要想不再继续滑向地狱的深渊，要做的第一点，是对孤独有所觉悟，不期待周围人的关爱。与其为了得不到的回报而遭受伤害，不如独自一人对自己更有好处。

越是期待周围人的关爱，你就越是讨厌他人。周围的人并不会因为你的期待而改变，结果只会使你更加憎恨周围的人。这样的情况不断重复，你的人生就会越来越辛苦。所谓地狱，就是"讨厌他人"，而天堂则是"关爱他人"。

5岁成年人"讨厌他人"，抑郁症患者"讨厌他人"，焦虑的人"讨厌他人"，不幸的人"讨厌他人"，认为生活辛苦的人"讨厌他人"，阴暗的人"讨厌他人"。

积极的人"关爱他人"，乐观的人"关爱他人"，幸福的人"关爱他人"，有耐性的人"关爱他人"。

避免继续滑向地狱的第二点，是反省自己的愚蠢。对"为了讨好那些骗子，勉强自己做做不到的事"这件事进行反省。

只要你能够从"讨厌他人"的状态转变为"关爱他人"，就能彻底消除人生的痛苦，让你的生活变得轻松、快乐。即便你的财富、样貌、身材、声音都没有发生任何改变，你的人生也能发生翻天覆地的变化。

与讨厌的人保持距离

抑郁的人、焦虑的人、不幸的人、痛苦的人，这些人都与他们讨厌的人交往过于密切。为了获得他人的关爱而去讨好对方，为了排解寂寞而对任何人的要求都不予拒绝。坦白地说，这样的人从没有真正地感到过快乐。

勉强自己与他人交往，结果只会使自己更加讨厌周围的人。这样的人生怎能不使人感到辛苦呢？

5岁成年人从小就生活在他们讨厌的人包围的环境之中，周围的人也讨厌他。他们或者掩饰对彼此的厌恶共同生活，或者在明知道彼此厌恶的情况下相互利用。

讨厌的人还会进一步发展为恐惧的人。也就是说，5岁成年人在充满恐惧的环境中长大，所以才会被耗竭。

不管多么美味的料理，如果在强烈的恐惧之下去吃恐怕也食不知味。所以恐惧的人从不知美味为何物，就算能想象出美味，也无法将其与用餐时的交流和乐趣联系在一起。

第五章　5岁成年人和他们的精神支柱

人们常说"快乐的时间总是过得很快",但5岁成年人不管做他们认为多么快乐的事,仍然感觉每一天都十分漫长,这是因为他们生活在恐惧之中。5岁成年人强迫自己必须保持快乐,否则的话,他们就会因为恐惧而无法回应他人的期待。

假设现在房间里有一条蛇。即便房间里灯火通明,但因为看到蛇就在眼前,还是会使人感到恐惧。昏暗的房间虽然也会使人感到恐惧,但如果昏暗的房间之中没有蛇的话,反而会使人感到安心。而5岁成年人则是一出生就生活在昏暗且有蛇的房间之中。

在昏暗的房间里与蛇共存,会使人感到强烈的恐惧。这个蛇就是周围的人,但5岁成年人并不愿承认这一点。就像在昏暗的房间里因为看不见,而不知道自己在害怕什么一样。

只有在关爱中成长起来的人,才知道自己害怕什么,而缺乏关爱的人不知道自己害怕什么。他们只是单纯地感到恐惧。他们从小的时候开始就因为恐惧而导致发育缓慢,所以更容易分泌恐惧的荷尔蒙。

缺乏关爱的人必然会寻求他人的关爱

有的孩子不愿意去学校。他们虽然能去学校,但就是不想去。如果母亲说"我陪你一起去",有的孩子就能去学校。对这样的孩子来说,问题的关键在于和谁一起去学校。如果是和自己喜欢的母亲一起,他们就愿意去学校。但有一些孩子无论如何都不愿意去学校,因为他们不喜欢自己的母亲。讨厌的母亲说"我陪你一起去",他们也不愿意去。

同样,不管经历了怎样的艰难困苦,但最后可以喊一声"妈妈"的成年人是幸福的。这样的人不管生活多么辛苦都能坚持下去。5岁成年人则没有这样的精神支柱。

我认为,信仰或许可以成为母亲的替代者。这也是我对信仰的定义。

5岁成年人如果没有这种意义上的信仰作为精神支柱,那么没有获得过父母关爱的他们,必然会向孩子寻求关爱。这是一种非常自然的情感,因为人类渴求关爱的欲望一定要获得满足。这

第五章　5岁成年人和他们的精神支柱

不以个人的意志为转移，没有获得过母亲关爱的人，一定会从其他的地方寻求关爱。

没有从自己的母亲那里获得关爱的人，就会向孩子寻求关爱。这就是鲍比所说的"亲子职责逆转"。本来应该孩子向父母寻求关爱，结果却反了过来。

如果没有获得过父母的关爱，又无法从孩子那里获得关爱，对5岁的母亲来说这就是如同身处地狱一般痛苦的生活。

渴求关爱的欲望得不到满足，就像饿着肚子却没有东西吃一样。而且人在寻求关爱时，并不能认识到自己"正在寻求关爱"。闹别扭、发牢骚、撒娇、嫉妒等感情，其实都是我们在尝试满足自己渴求关爱的欲望。

认为"没有人理解我的心情"，其实就是在寻求关爱。

渴求关爱的欲望没有得到满足的父母，怎样才能不去向孩子寻求关爱、避免出现亲子职责逆转的情况呢？答案就是不要期望孩子理解自己的心情。

父母能够理解孩子的心情，但孩子并不能理解父母的心情，这是理所当然的事情。有些心理不成熟的家长，总是希望"孩子应该理解父母的辛苦"。如果没有人理解自己，他们就会感到非常的辛酸。

心理成熟的人并不在乎他人是否理解自己，心理不成熟的5岁成年人却非常在意。因为他们从小就没有得到过母亲的关爱，他们渴求关爱的欲望一直也没能得到实现。

5岁成年人因为生活的辛苦,所以只能向母亲的替代者寻求关爱。这个时候出现的替代者就是信仰。

人在感到痛苦的时候,如果能够找到精神支柱,就可以消除心中的憎恨生活下去。反之,如果在痛苦的时候没有精神支柱,心中的憎恨无处排解,人就会开始憎恨周围的一切,"学校不好、社会不好、老师不好、父母不好、孩子不好、那些家伙不好、上司不好、同事不好"。

人要想活下去,即便面对难以忍受的痛苦也必须忍受。所以在忍受痛苦的时候,只能通过责备他人来分散痛苦。生活辛苦的5岁成年人,总是在责备他人。

正如前文中提到过的那样,5岁成年人的特征就是"生活非常辛苦",而且心底充满憎恨。

下定决心之时

渴得要死,但眼前只有肮脏的泥水。尽管抱怨也不会使泥水变成清水,但还是会有人不停地抱怨。

这种情况下,只能抱着喝坏肚子也不怕的决心喝下泥水解渴。做出这样的决定并不容易,喝下泥水也不容易。如果是有精神支柱的人,就能够下定决心,而没有精神支柱的人则很难做出这样的决定。所以他们只能不停地抱怨,最终被渴死。

能够代替母亲的精神支柱,就是信仰。并不是非要取个名字叫"某某教"才是信仰,有的人将音乐作为自己的信仰,有的人将绘画作为自己的信仰。贝多芬作的乐曲,全都是"渴望获得拯救"的心灵呐喊。

人在痛苦时会下意识地向母亲求助,但并不是所有人都有能够回应这种求助的母亲。很多人在痛苦的时候也无法向母亲求助,这就是5岁成年人。

有母亲关爱的人,恐怕很难理解在痛苦时却无法向母亲求助

是一件多么残酷的事情。没有任何精神支柱，只能自己一个人拼命忍耐所有的痛苦。

不管被怎样残酷地殴打也决不能喊一声"疼"，只是默默地忍耐，这就是5岁成年人所经历的人生痛苦。

真正活着的瞬间

如果自己的孩子不小心掉进了水池里,这个时候父母一心只想着拯救孩子,会不假思索地跳进水中。这个舍生忘死的瞬间,就是一个人真正活着的瞬间。

自己也可能会溺水,但在那一瞬间根本无暇考虑这些不安。事后回想起来,你会感觉到自己在那一瞬间"真正地活着"。

前几天,我在新闻上看到有一个小孩不小心掉进水中最后被警察救上来的消息,这个孩子的父亲当时却不知道去了哪里。

恐怕这位父亲当时不知道自己应该怎么做才好吧。这就是5岁父亲。

当父亲不知道应该怎样教育孩子时,会出现三种情况。第一种情况,这个父亲因为认为"我是个没用的父亲"而感到绝望。第二种情况,这个父亲即便不知道应该怎样做仍然努力地去教育孩子。第三种情况,这个父亲高呼"真理才是一切",认为育儿和做家务都是俗世的凡务而对此不屑一顾。第三种情况,极端一

长不大的成年人

点就是加入宗教团体。

在美国兰乔圣菲高级住宅区集体自杀的人就是宗教团体成员，我认为这个宗教团体的成员和教主，都是5岁成年人。

他们虽然生活在这个社会之中，却不愿承担社会责任。他们认为育儿很辛苦、做家务很辛苦、与其他人交往很辛苦、照顾老人很辛苦。

承担与自己的生理年龄相符的社会责任，对心理年龄尚不成熟的他们来说是一种难以承受的痛苦。但他们拒绝承认自己不愿承担社会责任这一事实，于是用神和宗教来作为自己的借口。

这个宗教团体的教主阿普尔怀特在成立宗教团体之前曾经住院治疗。在医院里他遇到了一名护士，于是他和这名护士共同成立了"天堂之门"教。对阿普尔怀特来说，与履行社会责任相比，还是与护士谈恋爱更快乐。因为与护士恋爱时，身为5岁成年人的他得到了包容。

那名护士完全将阿普尔怀特当成一名5岁的孩子。她没有要求阿普尔怀特承担社会责任，也没有责备他寻找逃避现实的借口，而是完全接受了阿普尔怀特的说辞。

阿普尔怀特并不承认他只是为了自己的快乐而逃避现实，反而提出了一套奇特的宗教理论。拒绝接受现实，只会走上穷途末路，所以最终包含阿普尔怀特在内的39个人用自杀结束了自己的生命，这些人全都是不愿履行社会责任的人。

第五章　5岁成年人和他们的精神支柱

而且他们还不愿承认他们是不愿履行社会责任的人。虽然育儿很辛苦，但他们不愿承认自己讨厌育儿。做家务很辛苦，他们不想做家务，却不愿承认自己是因为讨厌而不做。

对5岁成年人来说，育儿和照顾老人都是难以承受的重担，他们完全不愿去做。所以"天堂之门"教否定一切血缘关系，他们以神之名将自己不负责任的做法合理化了。

自己抛家弃子并不是不负责任，而是为了追求真理。隐藏在"天堂之门"教教义背后的真正动机，是想要入教成员摆脱沉重的责任。

据说这个宗教团体的成员相互之间以"兄弟"相称，他们追求家庭的亲密关系，却不想承担血缘的责任。这样他们就能摆脱现实世界的纷扰。

曾经有一名宗教团体的成员在电视节目中说，宗教要求他们"最好与家人断绝关系"。也就是说，这些宗教团体都假借"真理"之名，让教徒们放弃自己身为家庭成员的责任。

5岁成年人的教主

"天堂之门"教的教主因为童年时期从父亲那里得到关爱的愿望未得到满足,导致他成了一名同性恋者,并且一直这样活到了65岁。在这个过程中他结婚生子,甚至在他不知道的情况下有了孙子。

阿普尔怀特希望"世界毁灭"也情有可原,因为在他的世界里,末日早已降临。

他因为讨厌自己同性恋者的身份,所以在教义里规定不允许有任何性行为。他认为生活没有乐趣,即便成立了宗教团体也仍然感觉不到生命的意义,每天都活在痛苦之中。

他在童年的时候应该也能感觉到自己存在的意义。但随着年龄的增长,他所要承担的社会责任也越来越多。他的心理难以承受这种压力,于是选择通过宗教来逃避痛苦。

心理上还是在幼儿园的沙坑里玩耍的小孩,生理上却是35岁需要养家糊口的成年人,这样的人根本无法在生活之中感觉到任何喜悦,只有痛苦。这也是他们选择加入宗教团体的原因。

第五章　5岁成年人和他们的精神支柱

5岁的父母在完全不懂得如何与孩子交流的情况下，被迫承担起为人父母的责任，在他们的生活中只有痛苦。或许在旁人看来他们一家人其乐融融，幸福无比，但对5岁父母来说，家庭就是地狱。

于是阿普尔怀特将与他拥有同样烦恼和痛苦的人招集到一起，成立了"天堂之门"教——一个由5岁成年人组成的宗教团体。

身为教主的阿普尔怀特本人就是5岁成年人。因为5岁的孩子根本不会养育孩子，所以阿普尔怀特也不会养育孩子。但他在学会如何养育孩子和如何做一个父亲之前，就已经有了孩子。

恐怕结婚也是，他在搞清楚什么是婚姻之前就已经结了婚。或许他以为结婚之后的生活和单身时的生活没有任何变化吧。

这就像是完全没考虑养狗会给自己的生活带来怎样的变化，就贸然地养了一条小狗。养狗之后，就不能再有说走就走的旅行，不能再和朋友一直喝酒到天亮，不能去参加派对整夜不归。要照顾小狗，每天早晨早早起来带狗出去散步，将时间和金钱投入到小狗身上。只能住在允许养狗的公寓里。如果在这个时候才说"我不想把钱花在狗的身上，我要用这些钱去喝酒"，也为时已晚。

阿普尔怀特在心理的意义上并没有生活自理的能力，但他仍然生活在这个社会之中。妻子、儿子甚至孙子都相继出现在他的周围。虽然他没有自理能力，却仍然希望自己能够成为一个优秀的人，获得他人的认可。

因此他高喊着与这个俗世不同的"真理"，宣称要"断绝血缘关系"，这是他保护自己的唯一方法。尽管他在心理上离开了他人的保护就无法生存下去，却将自己放在了保护他人的角色中。

拥有承认自身幼稚的勇气

像他们这样的5岁成年人，难道在这个世界上就没有办法生活了吗？并非如此。即便是像阿普尔怀特这样极端的5岁成年人，如果能够教会他"生活的方法"，或许他也能走上正确的人生道路。

对阿普尔怀特来说，他的人生出路并不是成为"教主"，而是接受自己的幼稚并勇敢地生活下去。

他一定也知道自己作为成年人是有缺陷的。如果有人能够及时地告诉他，要想弥补这种缺陷，不是成为教主，而是幼稚地生活，或许他也能得到救赎。当然，在幼稚的状态下虽然不用承担责任，但也没有相应的权利。

也就是说，要将他当作5岁的孩子重新进行教育。让他学会获得5岁孩子的喜悦，这样他就能从5岁孩子的阶段毕业，然后再让他学会感受10岁孩子的喜悦，让他从10岁孩子的阶段毕业，就这样一步一步地让他走上正常的人生道路。

承认自己的心理并没有成长到能够承担当丈夫应该承担的责

任的程度，承认自己的心理并没有成长到能够承担当父亲应该承担的责任的程度，只要能够做到这一点，他就能走上正确的人生道路。遗憾的是，并没有人对他进行正确的引导。

于是他在不承认自己幼稚的同时又希望自己是一个优秀的人，所以就成了教主，并且最终走上了死亡与毁灭的道路。

如果他能够对儿子说"抱歉，我没有成熟到能够成为一名合格的父亲"，那么他的儿子、孙子以及与他相关的所有人都能够得到救赎。哪怕不用说出来，他自己能够承认这一点也可以。然后认真生活，找到自己的兴趣爱好，多接触新事物，这样或许就能够拯救其他38条人命。

为什么他们会选择集体自杀

在"天堂之门"教的教众选择集体自杀时,为了让自己的这一"壮举"能够被世人所知,教主阿普尔怀特特意留下了一名叫作李奥·丹杰洛的男性。丹杰洛为什么抛妻弃子加入"天堂之门"教呢?

ABC电视台的当家主持人黛安·索耶在对李奥·丹杰洛进行采访时问道:"为什么你为了加入'天堂之门'教,甚至连孩子都不要了?"丹杰洛说:"这个问题实在是难以回答。"

恐怕连丹杰洛自己也不知道他为什么要抛妻弃子去加入"天堂之门"教,而且包括黛安·索耶在内的所有观众也完全无法理解。

不过,丹杰洛也说,他感觉自己"必须加入"。由此可见,他是在寻求一个能够填补内心空白的精神支柱。但这并不能说明全部的问题,因为像他这样的人还有很多。

我认为他之所以感觉自己"必须加入",有两个原因。

第一个原因是,他光是维持自己的生活就已经耗尽了全部的

精力。所以尽管他11岁的孩子非常可爱，但对他来说是过于沉重的负担。他讨厌自己的孩子，却又不愿承认这一点，于是他为了逃避生活的负担，而选择了用"真理"作为借口。

第二个原因是，他不愿承认自己是失败者。他不愿接受自己遭遇了挫折的事实。我不知道他遭遇了怎样的挫折，但假如他没有加入"天堂之门"教，他就必须面对某种让他必须承认自己的人生是失败的东西。

在关爱之中长大的人，因为更加相信爱，所以他们并不害怕成为失败者，他们即便失败了也能继续开始新的人生。但对于缺乏关爱的人来说，失败会使他们一蹶不振，而且他们的消极性格也使他们不敢用暴力对社会进行反抗。

他们为了肯定自己的人生，只能加入"天堂之门"教，否则他们就必须否定自己的一切。

他们不愿接受这样消极被动的自己，就像教主阿普尔怀特不愿接受同性恋的自己一样。所有自杀的人，都是因为不能接受自己一直遇到挫折。

也正因为如此，他们才不得不反复强调自己的幸福和伟大，以此来缓解因为不幸和挫折给自己带来的痛苦。

像他们这样既认真又努力却消极被动类型的人，在缺乏关爱的环境中长大，与崇尚胜利的美国社会的价值观格格不入。所以他们的生活中充满了挫折，而他们又不愿去承认和接受这个现实。

第五章 5岁成年人和他们的精神支柱

如果他们不加入"天堂之门"教，就必须向那个不肯包容他们的社会妥协。

所以他们才会说"虽然我自己也不知道为什么，但我只感觉必须加入"。因为他们害怕位于潜意识领域的挫折感表现出来。为了避免出现这种情况，他们"只能加入"。否则的话，他们就会感觉自己的存在本身遭到了否定。

他们比其他人更渴望得到社会的接纳，更渴望得到周围人的认可。因此，他们才会在临死之前向世人宣告，"你们都错了"。

不管他们怎么努力，社会都不会接纳他们。既然如此，为什么他们如此渴望得到社会的接纳呢？这是因为他们认为自己没有得到社会的接纳，并因此而感到孤独和受到伤害。

他们的自杀是对社会最强有力的反抗。尽管他们39个人一起集体自杀，但相互之间却没有心灵上的交流。

他们没能在这个社会上找到可以与自己心理共鸣的对象，不管是家庭、朋友还是宗教。

第六章

直面自己，改变生活方式

首先要了解自己欠缺什么

　　看完前面的内容之后，大家或许认为那些对母爱的渴望没有得到满足的人，就无法再过上正常的生活了。确实正如前文中说过的那样，5岁成年人的身上背负着他们难以承受的压力，这是千真万确的事实。

　　纵观人类的历史，革命就是有产者和无产者之间的斗争。

　　出生在有产的家庭和出生在无产的家庭之间导致的不平等，与出生在有母爱的家庭和出生在没有母爱的家庭之间的不平等相比，简直不值一提。

　　因为后者的不平等不能像前者那样通过革命来解决。那么，出生在没有母爱的家庭之中的孩子，就只能忍受着痛苦的折磨，带着对其他人的憎恨，绝望地等待死亡吗？

　　许多缺乏母爱的人确实就这样走完了自己的一生。他们带着对他人的憎恨以及"为什么只有我要遭受这种折磨"的痛苦，一直到生命的最后一刻。

　　他们的生命早已被憎恨所吞噬，他们如同行尸走肉一般地活

第六章 直面自己，改变生活方式

着，并且诅咒身边的每一个人。

在被憎恨吞噬、失去对自己人生的掌控之前，他们因为过于孤独而总是被周围的人所利用。因为孤独，所以他们总是为了获得他人的好感而迎合他人，这就导致他们很容易被狡猾的人欺骗。而当他们终于意识到自己遭到了欺骗时，就会因为极度的愤怒而被憎恨所吞噬。

尽管被周围的人利用和欺骗，主要是因为自己的软弱和孤独，绝大多数的人都不愿意承认和反省。孤独的人很容易被欺骗。

让我们回到前面的那个问题，出生在缺少母爱的家庭之中的孩子，就只能一生都在地狱之中挣扎，直到死亡吗？

我并不这样认为。因为人生的幸福取决于自己的觉悟。那些一生都在地狱之中挣扎的人，完全是因为他们自己并没有找到正确的生活方法。

他们之所以没有找到正确的生活方法，是因为他们没有搞清楚自己欠缺什么，结果就导致人生走上了错误的道路，朝着错误的人生目标前进，与错误的人交往，采取错误的行动，可以说是一步错、步步错。

如果一个人知道自己缺乏母爱，那么他在寻找恋人的时候就不会追求美丽的容颜、富裕的家庭、强大的权力，而是会寻找一个温柔包容的人。只有知道自己欠缺什么之后，我们才能真正理

解自己需要什么。

当5岁成年人意识到自己对母爱的渴望没有得到满足时,应该改变之前所做的一切选择,比如改变交往的对象,改变工作,甚至改变住所。

对于缺乏母爱的人来说,与城市中心的豪宅相比,能够治愈心灵的温馨小家或许才是正确的选择。只要对母爱的渴望得到了满足,那么他们的整个人生都可能会变得截然不同。

如果我们不了解自己,那么我们做出的一切选择可能都是错误的。当我们不知道自己欠缺什么时,我们就像走在阴暗的通道之中找不到出口。但当发现自己欠缺什么之后,我们就像是看到了出口的亮光,知道应该采取怎样的行动。

向享受生活的人学习

除了了解自己欠缺什么之外，还有一点非常重要。

那就是向享受生活的人学习。观察那些享受生活的人，了解他们都拥有怎样的生活习惯。

比如，你之前可能喜欢那些家里装饰得很漂亮的房间，喜欢那种华丽的生活方式。但当你搞清楚导致自己生活辛苦的原因之后，你可能就会开始学习那些房间装饰简约、生活朴素的人的生活方式。

动物虽然不会数学，但懂得关爱孩子。从动物身上学习它们的优点，可以消除自身的傲慢与偏见。只要坚持下去，自己就能逐渐地由内而外发生转变。

5岁成年人一定也能够意识到"自己虽然想成为一名优秀的人，却没有为他人做出任何贡献"。他们可能会为了获得他人的赞誉而做出一些优秀的言行，却没有真正地"为了他人"而做什么事。

当5岁成年人意识到这一点之后，就能够真正地了解自己，

从而知道自己究竟应该做什么。

身体上有障碍的人,从外表上能立刻被分辨出来,周围的人会为其提供特殊的帮助。但心理上有障碍的人则很难分辨,所以周围的人会对缺乏母爱的人和拥有母爱的人提出同样的要求。

当5岁成年人能够理解上述事实,他们心中就不会再怀有憎恨,即便生活对他们来说满是辛苦,他们也能够直面自己的人生。

不必过于重视外在形象，对真实的自己拥有自信

正如我在前文中提到过的那样，5岁成年人在没有完成前一个人生阶段的课题的情况下就进入了下一个人生阶段。也就是说，他们只能被迫按照社会的要求做出与他们的生理年龄相符的言行。在旁人看来，他们可能是非常优秀的人，但实际上他们的内心之中感到疲惫不堪，生活得非常辛苦。

即便在经济和社会地位上取得成功的人之中，也有许多5岁成年人。他们每天都沐浴在旁人羡慕的目光之中，但心中总是在呐喊着"生活好辛苦"。

这就像生活在豪华水族馆里的鱼，参观者们认为它"生活在很漂亮的水池里"。但对鱼来说，大海才是它最理想的生活场所。人工建造的水族馆即便再美丽，生活在其中也是一种折磨。

5岁成年人就像生活在豪华水族馆里的鱼一样。如果他们知道自己为什么活得这么辛苦，即便别人都认为他们"生活在很漂亮的水池里"，他们也会努力地从水族馆里逃回大海。但如果他

们不知道自己辛苦的原因，就只能继续留在水族馆里并不停地抱怨"生活好辛苦"。

有的人明明不适合做领导者，却被迫成了大企业的社长，这样的人一定会感觉非常辛苦。但也有人通过成为大企业的社长实现了自己的人生价值。有的人认为婚姻生活非常幸福，有的人则认为婚姻生活非常痛苦。对幸福和痛苦的定义因人而异。

通过成为大政治家或大企业家实现自己人生价值并因此而感到幸福的人，是因为他们的内心已经成熟到了相应的阶段。他们在童年时期与伙伴们无忧无虑地玩耍，在青年时期确立了自我的人格，在母爱的关怀之中长大，所以他们才会对为社会做出贡献而感到喜悦。

5岁成年人则认为为社会做出贡献是一件痛苦的事，认为自己因此遭受了损失。他们执着于个人的得失，并不能通过为社会做出贡献而获得喜悦。

假设有两个人，他们每天的日程表都排得满满的。其中一个人拥有明确的人生目的，他所做的一切都是在享受生活，那么当他看到排得满满的日程表，会感觉自己的人生非常充实。而另一个人则没有明确的人生目的，他所做的一切都是迫不得已，那么他看到排得满满的日程表，只会感觉自己的人生充满痛苦。

第六章　直面自己，改变生活方式

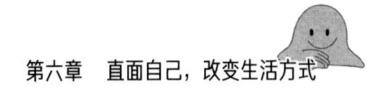

　　5岁成年人就是因为过于重视外在的形象而导致自己的生活痛苦不堪。他们实际应该做的不是去维护自己的外表，而是维护自己的心灵，只有这样才能使人生彻底改变。

活着就是成功

政府会对身体和社会意义上的弱者提供保护，但对5岁成年人这样心理上的弱者却视而不见。整个世界都对心理上的弱者十分冷漠。身体健康的人不会要求腿部有残疾的人和自己跑得一样快，但心理健康的人会要求心理有障碍的人和自己承担同样的责任。

怎样判断一个人究竟是真正的心理上的弱者，还是装出心理弱者的样子呢？方法很简单，只需要看他是否努力。真正的心理上的弱者一定会非常努力，如果不努力就一定不是心理上的弱者。企图通过伪装自己来利用周围人的人是不会勤勤恳恳地努力的。

本来你是一个承受着巨大的压力、随时可能倒下的人，但你现在仍然顽强地生活着。这说明你拥有非同一般的忍耐力和进取心，你努力生活的态度值得尊敬。

你和那些在关爱之中长大的人相比，可以说已经输在了起

第六章 直面自己，改变生活方式

跑线上。即便如此，你仍然成功地活到了今天。所以你应该对自己更有自信。不管处于怎样的心理状态，你都应该相信自己是优秀的。

只要你对自己有自信，一切都会变得顺利起来。你之所以一直努力也没有回报，就是因为你一直以来都没有自信。

所以，首先最重要的一点就是想办法让自己拥有自信。被自卑困扰的人请冷静地思考一下，你可能认为"即便我死了也无所谓"，但每个人能够生活在这个社会之中其实就是一个奇迹。

我拥有自信就是从接受自己的人生开始的。我在这样的环境之下，没有因为犯罪而入狱，没有因为绝望而心灰意冷，我一直努力地生活着，我打从心底感到"我能活着实在是太了不起了"。很多和我同龄的人比我更加优秀；但我认为如果他们也在和我一样的环境中长大，现在可能会过的不那么如意吧。

从那以后，即便我遇到了比我优秀许多的人，我也不会再被自卑所困扰，而且也不会在他们面前虚张声势。因为那样做肯定会被别人讨厌，不管我再怎么努力也只会取得相反的效果。

我曾经看过一则小故事，我觉得我们应该向故事中的小蚂蚁学习。故事是这样的：

小蚂蚁和小老鼠一起挖洞。他们挖的都是适合自己身材的洞穴。但小蚂蚁的父母过来看的时候却对小蚂蚁说：

长不大的成年人

"为什么你不能挖个像小老鼠挖的那么大的洞穴呢？"

显然小蚂蚁的父母并没有在蚂蚁的社会中获得满足，而且他们还讨厌小蚂蚁。小蚂蚁完全没有获得过父母的关爱。即便如此，小蚂蚁仍然顽强地生活着，因为它拥有强大的自信。

我渴望成为"粗茶淡饭也能满脸欢笑"的人

"有的人锦衣玉食却愁眉苦脸,有的人粗茶淡饭却满脸欢笑",我在年轻的时候曾经将这句话作为自己的座右铭。或许锦衣玉食的人,真正希望的并不是锦衣玉食。但因为他们不知道自己真正想要什么,所以只能努力让自己过上锦衣玉食的生活。

这样的人就是5岁成年人。尽管从社会的角度来看,他们的生活并没有什么问题,甚至还称得上"幸福",他们内心之中却感到非常的痛苦。

我在年轻的时候,一直努力让自己成为"粗茶淡饭也能满脸欢笑"的人。因此我不断地提醒自己,绝对不能变成"锦衣玉食却愁眉苦脸"的人。

但是,不管我怎么提醒自己,我都没有变得幸福起来。我明明不愁吃、不愁穿、不愁住,但为什么我就是笑不出来,每天都过得这么辛苦呢?明明这个世界上还有许多人吃不饱饭,与之相比衣食无忧的我本应是非常幸福的才对。

但在这个世界上,经济富裕的人不一定生活幸福,而经济拮

据的人也不一定生活不幸。优秀的成功人士不一定幸福,失败的人也不一定生活不幸。

于是我开始思考"人类烦恼的本质是什么"这个问题。我发现人类的烦恼似乎并不是一个简简单单就能找到答案的问题。

弗洛姆曾经这样说道:"母爱就像是一种祝福,拥有它你会感到非常幸福,但如果没有它仿佛人生的一切都消失了。"[1]

对于人类来说,幸福并不是贫富差距小和权力平等的问题。在人生之中还有比这些更本质的因素。

到目前为止,已经有许多书籍讨论过社会不平等的问题。但人类并不会因为通过政治手段解决贫富差距问题之后就会变得幸福。这些书并不能解决人生最根本的问题。

锦衣玉食却愁眉苦脸的5岁成年人,从小就没有享受过"母爱"。所以这并不是他们愚蠢不愚蠢的问题。

当然,我并不是说可以对社会的不平等置之不理,对贫富差距视而不见。我只是想说不能只看到这些表面的问题,认为只要解决了这些问题就万事大吉了。

母爱也不是万能的,那些走上犯罪道路的少年,并不是因为他们全都缺乏母爱。在他们的母亲之中,一定也有努力养育孩子的人。

---

[1] [美]艾瑞克·弗洛姆,《爱的艺术》,1956年。

第六章 直面自己，改变生活方式

现实世界中的父母，他们因为要应对生活的挑战，所以很难有精力使自己成为一个十全十美的理想父母。

不管多么努力养育孩子，只要是人就可能会犯错。他们可能搞错了孩子的性格，或者固执地认为一切都是为了孩子好而没有因材施教，有的母亲可能因为经常遭受丈夫的虐待而无暇顾及孩子，有的父亲可能因为工作压力太大而心理上出现问题，这样的情况可以说不胜枚举。

我想说的是，粗茶淡饭却满脸欢笑的人是心理成熟的成年人，而锦衣玉食却愁眉苦脸的人则是5岁成年人。

一个吃饱了的人，即便只有半个苹果作为饭后甜点，他也会感觉非常满足。而一个饥饿的人，他就算吃两个苹果也不会得到满足，甚至认为只有两个太少了。

在旁人看来，有人只吃半个苹果就满足了，另一个人吃了两个却还抱怨，所以会感觉无法理解。但实际上这并没有什么好奇怪的。

佃农每年需要缴纳租金。即便收成一样，但自己拥有土地的普通农民能够养家糊口，佃农因为要将一部分收成上交，所以总是吃不饱饭。普通农民生活得非常轻松，佃农生活得就非常辛苦。就像佃农必须首先缴纳租金一样，内心空虚的人也需要首先填补内心的空虚。

两个人都经营同样的生意，其中一个人的本钱是从银行贷款贷来的，所以即便两个人的销售额完全一样，无债一身轻的人就生活得非常轻松，而背着贷款的人则生活得非常辛苦。

有的人每个月只要赚5000元的工资就足够生活，而有的人即便每个月赚1万元也仍然感到非常焦虑。赚5000元的人有父母留下的房子，所以生活无忧。而赚1万元的人因为要还房贷，所以压力很大。

心理上也一样。确立了自我人格的人，就不需要再向外界寻求精神支柱，没能确立自我人格的5岁成年人就只能依赖金钱或地位来支撑自己。

金钱和地位都伴随着责任。所以5岁成年人每天都非常努力地生活，同时也活得非常辛苦。

两个人都穿着外套，一个人穿着名牌外套，但烦恼不已，另一个人穿着廉价外套，但看起来非常幸福。穿着名牌外套却烦恼不已的人，因为身上很脏却不能洗澡，所以他即便穿着名牌外套也高兴不起来。

5岁成年人就像是穿着名牌外套，将自己的一切缺点和弱点都隐藏了起来的人。这个名牌外套可以是身份、地位、名誉或者财产……

本来一个人如果拥有名誉和地位，他就会变得温柔和包容。

第六章　直面自己，改变生活方式

但5岁成年人不会这样，他们因为一直生活在痛苦之中，内心的愿望没能得到满足，所以他们只会复仇。

"有的人锦衣玉食却愁眉苦脸，有的人粗茶淡饭却满脸欢笑。"

不管外表看起来是什么样的，内在的生活方式永远也骗不了自己。

人生需要支柱，5岁成年人却没有。

心理健康的成年人就像深深扎根在土壤之中的大树。而5岁成年人则像是随挪随用的装饰物，完全没有扎实的根系。

下雨时不必害怕被淋湿

人类即便表面上看来经历的是同样的事情，却会产生快乐和痛苦这两种截然不同的感受。

比如两个人都走在雨中，明明是同样的雨量，对一个人来说像是绵绵细雨，而对另一个人来说像是倾盆大雨。下雨时，有的人首先想到的是"刚洗好的车又要脏了"，有的人首先想到的则是"家人都没出来真幸运"。

我记得小时候和同学一起去爬山，大家经常唱的一首歌里有句歌词就是"下雨时不必害怕被淋湿"。以前的人经常在户外生活，对于下雨并不像我们这样有特殊的感觉。

虽然下雨对每个人来说都是相同的事实，但每个人对下雨的感悟却因人而异。下雨作为一种客观的自然现象并没有好坏之分。但我们的大脑在对这个事实进行分析时，有的人会感觉下雨很讨厌，有的人则认为下雨很舒服。

期待运动会的人，看到运动会当天早晨下雨，会认为"糟糕"，而讨厌运动会的人则会高兴地想"下雨啦"。

第六章　直面自己，改变生活方式

即便没有像开运动会这样特殊的原因，不同的人因为对下雨拥有不同的记忆，所以在下雨时的感受也不同。

海明威的长篇小说《永别了，武器》被改编为电影在日本上映时，采用的宣传语是"于雪中的阿尔卑斯绽放，于雨中的瑞士凋零的爱恋"。我被这句话吸引而去看了这部电影，时至今日我仍然记得电影中下雨的场景。

即便是同样的一阵风，有的人感觉春风和煦，有的人则感觉寒风凛冽。有的人不喜欢风，因为感觉风吹起沙尘很脏，有的人不喜欢风，则因为感觉被风吹乱头发很讨厌。

有的人喜欢下雪，有的人不喜欢下雪。喜欢下雪的人就像在雪地里撒欢的小狗，而不喜欢下雪的人则像是在暖炉旁蜷成一团的小猫。

同样，不小心划破了手，有的人感觉非常害怕，有的人则认为没什么大不了的。在后者看来，前者似乎有些小题大做，但对前者来说这确实是非常严重的事情。

人类认为每个人都和自己一样，不管做什么事大家的感受都一样。而实际上，即便是面对同样的事情，不同的人心理上的感受也是不同的。

就好像你想打网球，对方却想打篮球。你想吃拉面，对方却想吃冰激凌。

同样完成一件事情之后，不同的人的感受也不同。有的人会因为成功而感到喜悦，并心怀感激，而有的人则没有这种感觉。

半杯水

正如前文中提到过的那样，5岁成年人因为缺乏母爱，所以心怀憎恨。而如何解决这种憎恨的感情，就是5岁成年人面对的最大课题。

接下来就让我们共同思考一下这个问题。

可能很多人都听说过"半杯水"的例子。当面前摆着半杯水的时候，有的人认为"还有半杯水"，有的人则认为"只剩半杯水"。也就是说，有的人关心存在的部分，有的人则关心消失的部分。

对于那些只关心消失部分的人，心理学家的解释是"他们心存不满"。于是建议他们要多关注"存在的部分"。我并不想反驳这种说法，但从心理的角度来说，心理的感受与关注点是有因果关系的。

并不是因为关注消失的部分才心存不满，而是因为心存不满才更关注消失的部分。如果一个人心存不满，他就总是会去注意

第六章　直面自己，改变生活方式

那些欠缺的地方。

我们经常会劝说那些心存不满的人，"不要只想着自己没有的东西，多想想自己拥有的东西"。我在年轻的时候写的书中也说过这样的话。有时候这句话也是说给我自己的。但仔细想来，一个人在感到满足的时候，自然就会关注自己拥有的东西。即便拥有的东西并不多，也会心存感激。

人只有在感到满足时才会感激自己拥有健康，而心存不满的人根本不会考虑到这一点。或许有人说，当他们生病的时候就会意识到健康的宝贵了，其实也并非如此。心存不满的人即便生病了也不会感激健康，他们只会憎恨疾病。

人在感到满足的时候才会感激食物。满足的人不管吃什么都会心存感激，他们绝不会有"我只能吃这种东西"之类的想法。人在感到满足的时候，不管看到什么景色都会心存感激，即便平平淡淡地度过一天也会心存感激。

同样，自卑的人并不是因为与他人对比之后才感觉自卑，而是因为感到自卑所以才总是和他人进行比较。

总之，人对事物的看法大致上可以分为两类。一种是不满的人的看法，一种是满足的人的看法。让不满的人和满足的人保持同样的看法是强人所难。如果不满的人获得了满足，那么他们自然而然就会和满足的人持有同样的看法了。

不满的人带着"不满"的有色眼镜，满足的人则带着"满足"的有色眼镜。这两种人都是一样的，没有高低贵贱之分。

不要被过去束缚

如果心中存有不满、自卑、孤独等负面的情绪，那么这个人不管在怎样优渥的条件下生活，他都能从生活中找出缺点和不足。

患有焦虑症的人，不管他人多么关爱自己都仍然感觉不够，所以他们总是在追求无条件的爱。但现实中的爱情根本不可能像无条件的爱那样十全十美。

在旁人看来，他们是因为追求不切实际的爱情却不可得，于是心存不满。实际上，他们是因为心存不满，所以才会追求这种不切实际的爱情。

或许不满、自卑、孤独等情绪，都源自憎恨，并且因为心理成长的失败而使憎恨愈发严重。

心存不满的人，或许都是受到过伤害的人，心怀憎恨的人。如果他们不能消除心中的憎恨，也就永远无法获得幸福。憎恨就是不满的有色眼镜。

第六章　直面自己，改变生活方式

有的人总是无法走出被伤害的阴影，这样的人一直到死都是不幸的。哪怕他们生活在天堂一般的环境之中也无济于事，因为他们心中的不满无法通过环境来解决。

"放下过去"，指的是放下心中的憎恨。如果曾经有人伤害了你，那么放下对那个人的憎恨，就是"放下过去"。

美国的心理学书籍中经常有"被过去束缚"之类的说法，这指的就是无法从憎恨的感情之中挣脱出来的心理状态。不管别人对你多么关爱，如果你的内心被憎恨填满，就没有接纳爱的余地。

如果你能够放下心中的憎恨，那么人生也必将焕然一新。总是心怀憎恨的人，心理无法得到成长。心怀憎恨的人，不管多么努力、不管取得怎样的成功，都无法改变自己的人生。

要想将不满的有色眼镜换成满足的有色眼镜，就必须消除心中的憎恨。这样你就能够从一个不管获得多少东西也不会感到满足的人，变成一个即便获得很少的东西也会感到满足的人。从一个总是感到焦躁不安的人，变成心境平和的人。

或许有的人曾经受到过非常严重的伤害，心中的憎恨也十分强烈。要想将这样的憎恨消除并不是一件容易的事。但只要做到了这一点，获得的回报也必然更加巨大。

有的人或许比较幸运，不用付出多大的努力也能过上幸福的人生。这完全是他人的命运,与我们无关。并不是所有的人都有这样的好运气。我们能做的只有接受自己的命运并努力让自己变得更加幸福。

我曾经也是5岁成年人

为什么有的人感觉不到喜悦呢?答案是他们的心中怀有憎恨。在心中压抑着憎恨的情况下,就不可能感受到任何喜悦。

有的人非常傲慢,有的人非常贪婪,也有的人心怀喜悦过着幸福的生活,他们之间的区别就在于心中是否怀有憎恨。心怀喜悦过着幸福生活的人,都是心中没有憎恨的人。

在我还是5岁成年人的时候,连我自己都讨厌自己的傲慢和贪婪,我不知道为什么自己总是无法感到满足,我对自己的丑态感到厌恶。

于是我拼命想要使自己成为能够心怀喜悦并幸福地生活的人。我每天都反复地对自己说,"心怀喜悦""这就是幸福",希望这样就能改变自己。但不管我怎么努力,都是白费力气。

现在回忆起来,我就很清楚当时为什么会失败。因为我当时没有意识到压抑在自己心底的憎恨,我一直在心怀憎恨的状态下去努力让自己变得幸福,所以才无法成功。

如果我当时能够意识到自己心中的憎恨,并且想办法消除憎

恨，或许就能够成为"心怀喜悦过着幸福生活的人"。但当时的我只想着消除自己的傲慢，且又无能为力。

我没有找到问题的本质：只要憎恨没有消除，傲慢就无法消除，自然无法过上幸福的生活。

一个心怀憎恨的人不可能温柔地去对待他人。心怀憎恨是因为心灵受到过伤害。让一个心灵受到过伤害的人不要去心怀憎恨，就像让一个身体受伤流血的人忘记疼痛一样，他们是不可能做到的。

因为自己受到了伤害，所以才会为了伤害他人而变得傲慢。那些企图通过傲慢获得喜悦的人，都是心灵受过伤害的人。

这种傲慢的态度，会破坏"心怀喜悦并幸福地生活"的生活方式。

自己做决定才有真正自由的生活

有的人即便受到了伤害也不能发怒,这就是被过去束缚的人。我曾经就是这样,一直活在过去,舔舐自己的伤口。因为我的伤口太深,憎恨太强,所以我只能活在过去。

但即便如此,我还是想问身为5岁成年人的诸位:你们是打算一直活在过去变成化石,还是打算告别过去活在当下?曾经身为5岁成年人的我,选择了后者。

身为5岁成年人的你,一定也想活在当下吧?要想获得幸福的人生,就绝不能牺牲现在,让自己被过去束缚。

我们能做的只有跪下向上天祈祷,"请消除我心中的憎恨"。

"就像可以通过心理的方法来克服物理的障碍一样,也可以通过物理的方法来克服心理的障碍。

"有些动作能够改变人的思考和感情。比如下跪这个动作就能够消除愤怒。因为人不可能在下跪的状态下产生愤怒的感情。这种需要集中注意力的动作,可以使我们从许多不愉快的情绪中解脱出来"[1]。

或许，5岁成年人应该向上天祈祷"请消除我心中的憎恨"。

这是你自己做出的决定。是关乎生死的抉择。也是人类真正的自由。自由并不是想做什么就做什么。

能够做出关乎生死的抉择才是人类的自由。

如果你不能做出这样的决定，就只能重复他人的悲剧，直至死亡。人类自由的关键就在于能够战胜内心之中的憎恨。

最伟大的自由，就像是一个受到严重的伤害、即便变成复仇之鬼也不奇怪的人，却没有责备任何人，完全放下了心中的憎恨，顽强地活在当下。

真正的自由，并不是年轻人以为的随心所欲。随心所欲、肆意反抗、虚张声势……这些都不是自由，而是不自由。这是自己放弃了自由。

选择被过去束缚变成化石，还是告别过去实现自我，这才是人类的自由。并不是只有国王才能拥有自由，也不是只有平民才能拥有自由。任何人都可以拥有自由。

或许，当我们向上天祈求"请消除我心中的憎恨"时，就已经来到了自由的入口。

---

[1]　［波兰］瓦迪斯瓦夫·塔塔尔凯维奇，《幸福的解析》，1976年。

第六章　直面自己，改变生活方式

宽恕也是自由。

即便对方犯下了不可饶恕的罪行，却仍然选择宽恕，这就是更加伟大的自由，也是最伟大的自我实现。

年轻人走上邪路，完全是自己放弃了自由。人类总是像这样主动地追求着不幸，甚至可以说人类就是"不幸的追求者"，人类终其一生都在追求不幸。

当生活变得快乐时

即便在非常恶劣的环境之中,仍然有人做出"既然生在这个世界上,就要好好地活到最后"的决定,并且获得幸福。这正是人类的伟大之处。

要想获得幸福,必须本人做出与之相应的决定和努力。每天晚上都仰望夜空,看天上的星星,日复一日,直到憎恨消失。

正如我在前言中提到过的那样,我曾经也是一名5岁成年人,每天都生活得非常辛苦。我在20多岁的时候,在"空虚""绝望""焦躁"的情绪中拼命地写作。不管我怎样挣扎,不管我怎样努力,都无法将自己从犹如剜心钻骨一般的痛苦之中解救出来。

现在重新阅读自己年轻时候写过的书,我发现其中有一段歇斯底里的话:

"人类的出路是爱,仅此而已。除此之外,人类再也没有其他的出路。像疯了一样爱他人,像疯了一样爱人类,像疯了一样爱工作。当能够通过爱获得喜悦、相信爱的永恒时,人类就能克

第六章　直面自己，改变生活方式

服'空虚'。"

我曾经如此缺乏爱，拼命地追求着爱却不知道爱究竟是何物。我在最后，终于意识到我其实一直在焦虑地呼喊着"爱我，更多地爱我"。

我一边痛苦地挣扎着，一边拼命地摸索人生的意义。我的内心一直在追求着正常的人际关系，但我自己并不知道自己在追求什么。这是因为我从没有过心灵相通的体验。

我很在意他人对我的看法，害怕被他人忽视，不敢提出自己的意见。后来，我终于看到了一丝光明，那就是"直面自己"。

当我直面自己、开始重新审视自己之后，我终于意识到我之所以烦恼，是因为我没有明确自己的目标。

于是我决定通过具体的行动来消除心中的憎恨，那就是在日记中记录"今天他人给予了我什么"。5岁成年人往往只能记住自己为他人做了什么，而记不住他人为自己做了什么。只能记住别人对不起自己的事情，却记不住自己对不起他人的事情。

关键在于记住自己为他人做了什么，同时也记住他人为自己做了什么，这样我们才能更好地了解自己。

后 记

本书是我为5岁成年人而写的。正如前言中提到过的那样，读完本书之后，5岁成年人就会知道自己为什么生活得如此辛苦。知道原因之后，就能找到解决问题的方法。

小时候自己说的话总被别人忽视的人，在认真听别人说话时就会感到很辛苦。小时候没有获得过关爱的人，在关爱他人时就会感到很辛苦。因此，这些人总是对他人表现得非常冷漠、苛刻。

他们虽然完全以自我为中心，但他们不愿意承认这一点。因此他们表面上总是会说一些漂亮话来掩饰自己的自私与任性。这样的人生当然会十分辛苦，而且一旦他们无法达到自私的目的，就会迁怒于周围的人。

即便他们将责任都转嫁到周围人的身上，他们的人生也不会变得快乐。能够使他们的人生变得幸福的唯一方法，就是承认自己的自私与任性。

5岁成年人总是装作一点也不自私和任性的样子，却自私且

后记

任性地生活着，所以才会感到非常辛苦。

比如有一个"生活得非常辛苦"的母亲，她在训斥孩子时这样威胁孩子道，"你要是不想学习就不用学了，但你不认真学习的话我会感到很麻烦"。她不会对孩子说"请认真学习"。也就是说，她一边把自己伪装成不约束孩子的母亲，一边又想要达成自己的期望。她既不想让孩子讨厌她，又想让孩子按照她的想法行动。

5岁成年人并不喜欢小孩子。5岁成年人既自私又任性，他们只关心自己。他们没有关爱他人的能力，却非常渴望被爱。与此同时，他们又不得不强迫自己去扮演一个优秀的成年人。所以他们对这样的人生感到辛苦也是理所当然的。

人只有在知道自己想要追求什么的时候才能感到幸福。5岁成年人则不知道自己追求的是什么。因此，对5岁成年人来说最急需解决的课题，就是搞清楚自己想要追求什么，知道困扰自己的究竟是什么。

5岁成年人就像是刚刚结束一场漫无目的的远航之后归来的船只。虽然进行了长时间的航行，却没有任何收获。船身上还满是脏污的痕迹。

在这种情况下应该做些什么呢？当然是将船身上的污渍一个一个地清除：摆脱那些一直在利用你的人，和他们断绝关系，或者丢掉那些毫无意义的伪装，等等。

身为5岁成年人的你可能还很讨厌周围的人，正因为如此，

你才不得不将自己伪装成一个完美的人。

为了认清真实的自我,你首先要仔细地观察周围的人,对自己正在做的事情进行认真的思考,然后逐一消除内心的迷茫,完成自己应该做的事情。只要坚持下去,总有一天你会拥有梦想,而拥有梦想之后,你就能够真正地抛弃那些多余的东西。

当你拥有了全新的生活方式,你甚至会认为自己曾经是个5岁成年人其实是一件幸运的事。

尽管充满艰辛,但一滴水只要保持流动就一定能够汇入大海。因为5岁成年人就像是渴望立即进入大海的一滴水,所以他们才会在途中感到"无能为力"。

一滴水从汇聚成河流到流入大海需要漫长的时间。而且途中还可能遭遇湍急的水流。如果没有面对漫长的时间和湍急的水流的觉悟,一滴水就无法汇入大海。

5岁成年人如果说"好喜欢秋樱花啊,我也要养秋樱花",他们就会立刻买一盆秋樱花回来。但实际上他们应该买的并不是现成的秋樱花,而是应该买一颗种子种下,享受秋樱花从发芽到盛开的整个过程。

"那个人好幸福,为什么只有我如此不幸……"这是5岁成年人的心理。"那个人好幸福,我一定也能获得幸福……"这是真正的成年人的健康心理。